Unglaubliche optische Illusionen

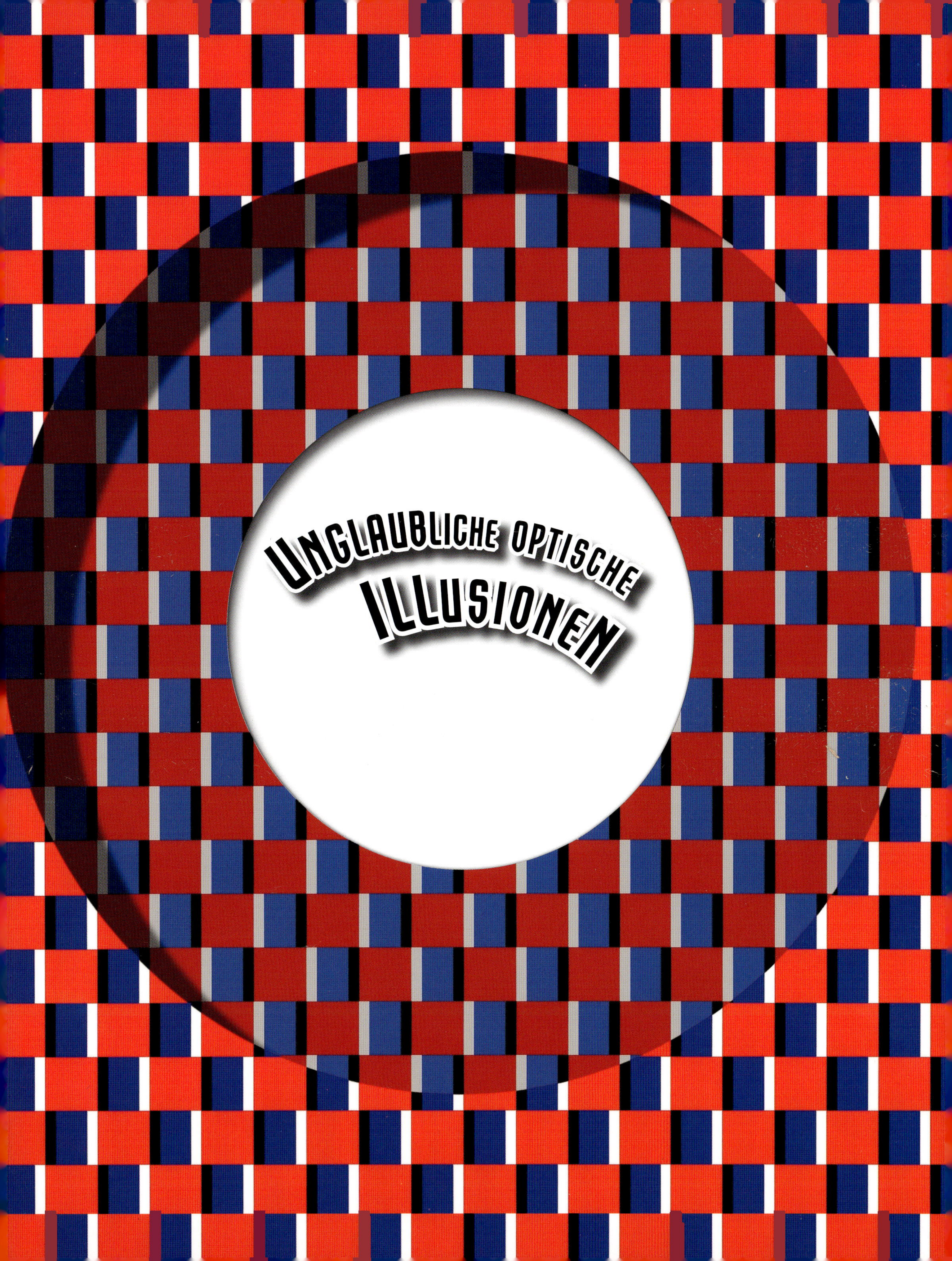

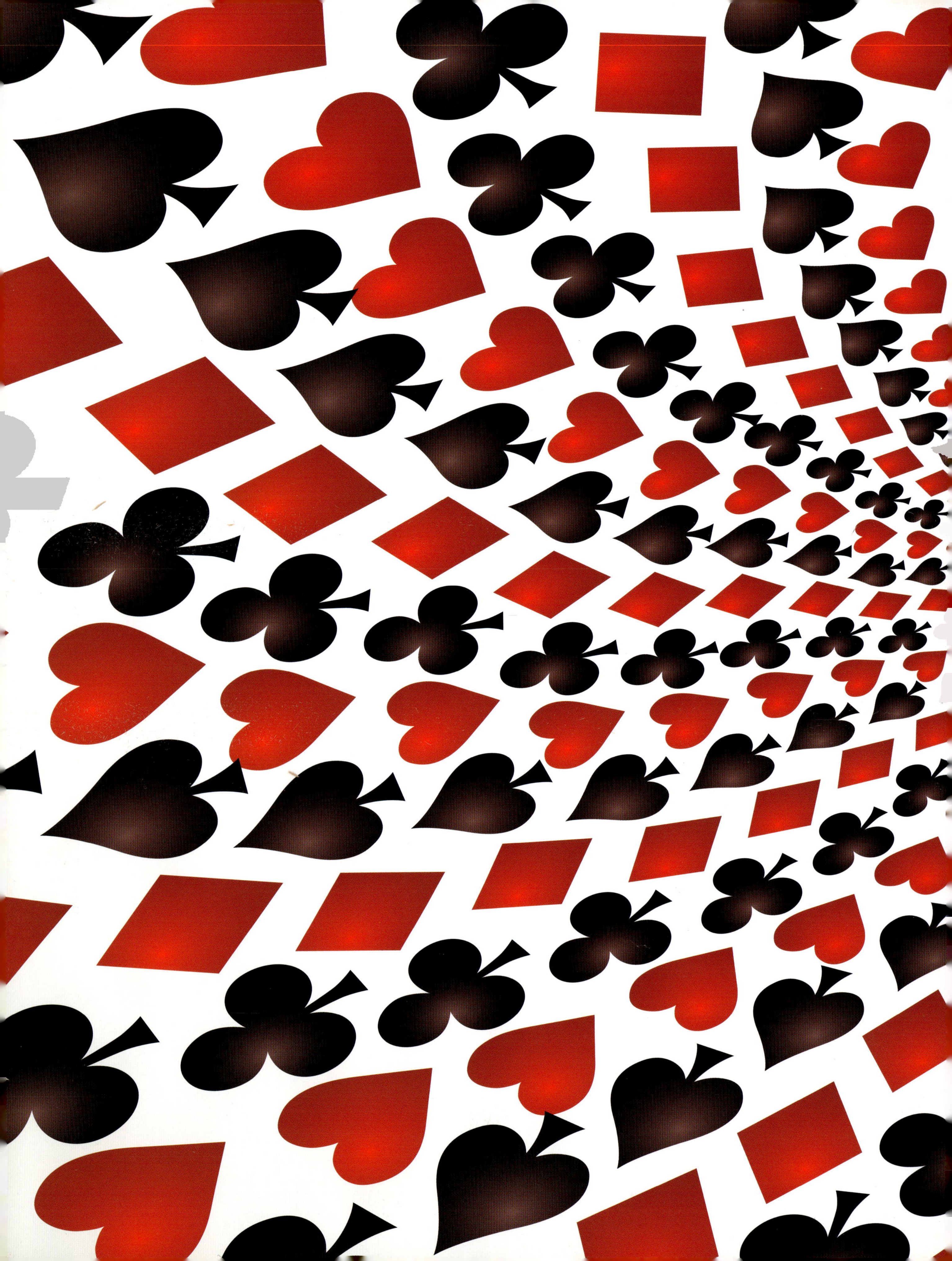

Unglaubliche optische Illusionen

Über 90 faszinierende Täuschungen

Parragon

Bath • New York • Cologne • Melbourne • Delhi
Hong Kong • Shenzhen • Singapore • Amsterdam

Parragon Books Ltd
Chartist House
15–17 Trim Street
Bath, BA1 1HA UK
www.parragon.com

Realisation der deutschen Ausgabe:
trans texas publishing services GmbH, Köln
Übersetzung: Ronit Jariv, Köln

ISBN 978-1-4748-1836-0
Printed in China

Bist Du ***abflugbereit***?

Die Seiten in diesem Buch bewegen sich, auch wenn Du still sitzt!

Dieses Buch enthält ein breites Spektrum an Bewegungsillusionen. Die fünf Haupttypen sind:

3-D

Diese Bilder scheinen aus unterschiedlichen Schichten zu bestehen oder erzeugen sogar einen vollen 3-D-Effekt.

Chaotisch

Grafiken dieser Kategorie bewegen sich in verschiedene Richtungen. Oft handelt es sich um einen Mix aus mehreren Illusionstypen.

Kreisförmig

Einige Grafiken scheinen auf der Seite zu rotieren oder enthalten Elemente, die sich scheinbar im Kreis drehen.

Ausdehnung

Zu dieser Kategorie gehören sowohl Bilder, die sich auszudehnen, als auch solche, die sich zusammenzuziehen scheinen.

Seitlich

Einige Bilder enthalten Elemente, die entweder in eine Richtung oder sogar in gegensätzliche Richtungen rutschen.

Du brauchst keine besondere Ausrüstung, um die Illusionen zu sehen – nur Deine Augen und ausreichend Licht, um die kontrastierenden Farben zu erkennen. Viele Illusionen werden schon auf den ersten Blick anfangen, sich zu bewegen, manche sind jedoch etwas zurückhaltender und erfordern vielleicht etwas Geduld und ein paar kleine Tricks. Lies die Texte über den Bildern und befolge die jeweiligen Anweisungen.

Wenn Du eine Illusion nicht erkennst, probiere die folgenden Techniken aus:

- Lass Deinen Blick langsam von oben nach unten oder von links nach rechts über das Bild gleiten.
- Schaue das Bild langsam mit dem oder gegen den Uhrzeigersinn an.
- Einige Illusionen funktionieren am besten, wenn Du Deinen Blick diagonal über das Bild führst.
- Halte das Buch entweder weiter weg oder zieh es näher heran und schau dabei auf das Bild.
- Lass Deinen Blick ganz leicht unscharf werden, während Du das Bild betrachtest.

Angriff der **Aliens**

Wenn Du auf und ab schaust, bewegen sich die Aliens in ihren Reihen hin und her.

Fixiere ein Alien in der obersten Reihe und führe die Augen dann langsam eine Reihe tiefer. Die Alien-Reihen sollten nun abwechselnd nach links oder rechts rutschen. Solange Du Deine Augen bewegst, bewegen sich auch die Aliens! Während Du diesen Text liest, kann es außerdem sein, dass die Aliens am Rande Deines Gesichtsfelds schwanken.

Hier geht's **rund**

Wenn Du Deine Augen kreisen lässt, rotiert das Bild in beide Richtungen.

Ewige ***Expansion***

Dehnt sich das Bild langsam aus, während Du diesen Text liest?

Verrückte *Wellen*

Bewege Deine Augen in alle Richtungen; die Wellen werden es Dir gleichtun!

Weiter Weltraum

Wenn Du auf den Rand des Bildes schaust, springt dich das Muster an!

Rotierende *Bälle*

Rotieren die Kugeln langsam, während Du die Augen schweifen lässt?

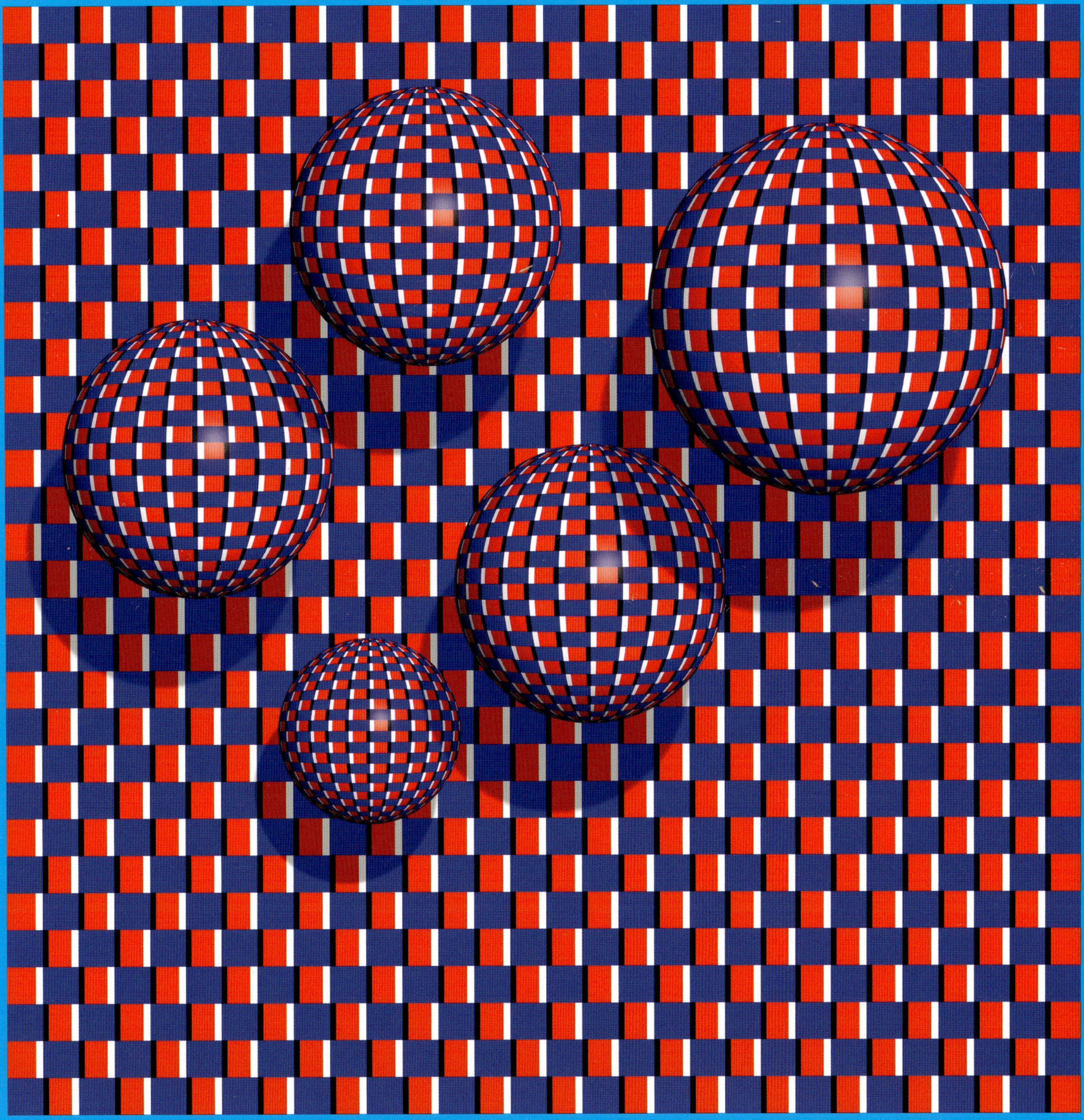

Sommer-*Räder*

Sobald Du eine Blume fixierst, fängt sie an, sich zu drehen.

Winter-*Wackler*

Wenn Deine Blicke wandern, dann wandern auch die Schneeflocken.

Kreistanz der **Körner**

Folge dem vierten Körnerring von außen. Was siehst Du?

Wenn Deine Augen den Rand der Grafik entlangfahren, sollten sich die Körner langsam in verschiedene Richtungen bewegen.

Wogendes Herz

Lass Deine Augen um die roten Kreise in der Mitte des Bildes herumwandern.

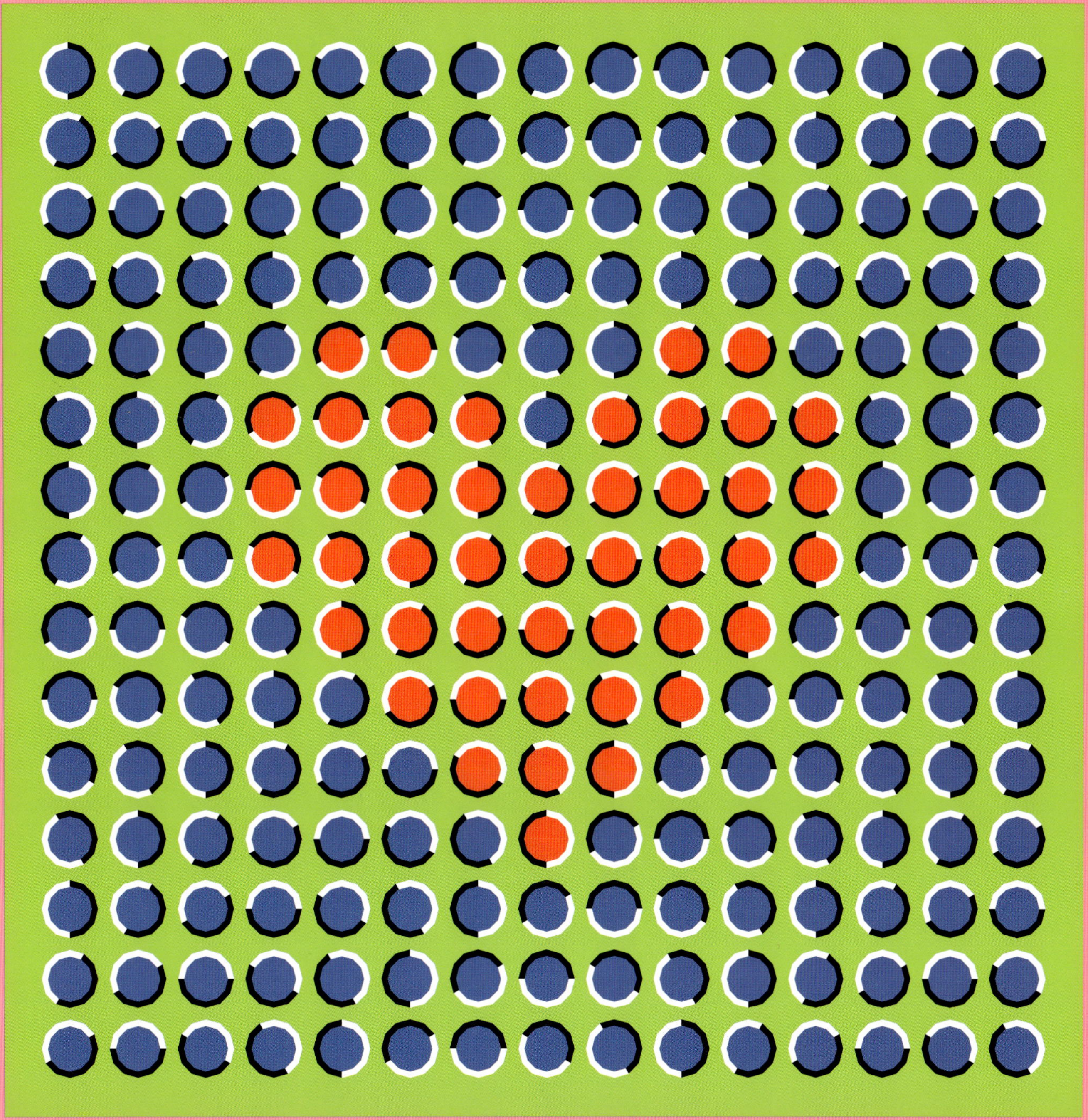

Auch wenn Du die Augen still hältst und Dir einredest, dass dies nur eine Illusion ist, wird das Meer der blauen Kreise unruhig hin und her wogen. Sogar beim Lesen dieses Textes hält die Bewegung an.

Faszinierendes *Flimmern*

Lass die Augen innerhalb dieser beiden Bilder kreisen. Was siehst Du?

Im Bild oben werden durch das Zusammenspiel von schwarzen und weißen Streifen unterschiedlicher Stärke sogenannte Interferenzmuster gebildet. Diese erzeugen einen flimmernden Effekt, bei dem Deine Augen Mühe haben, sich auf einen bestimmten Punkt zu fokussieren.

Das Bild auf der gegenüberliegenden Seite flimmert auch, aber eher ruckartig zitternd. Die glatten Farbübergänge geben falsche Bewegungssignale, und Deine Augen finden auch hier keinen stabilen Punkt, auf den sie sich fokussieren können.

M-Zahnräder

Wenn Du die Augen langsam auf und ab führst, drehen sich die Scheiben.

Wirbeln und **Schlängeln**

Folge den Pfeilen auf den Schlangen mit den Augen. Bewegen sich die Schlangen?

Fixiere die Mitte des unteren Bildes – das Muster beginnt zu wirbeln.

Ausweiten *und* Schrumpfen

Wenn Du den Blick über das Bild führst, expandiert und schrumpft das Muster.

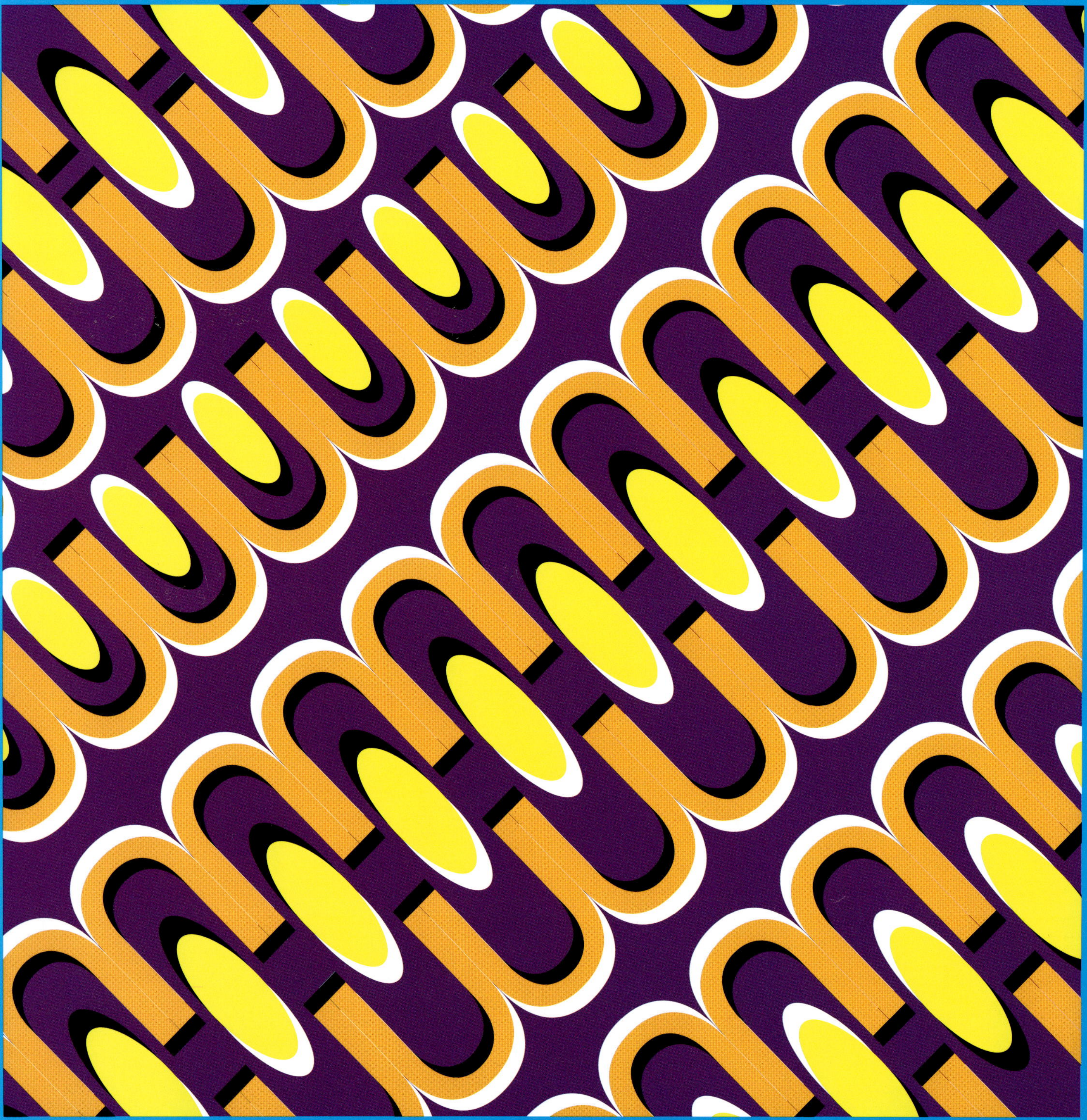

Eine Frage der Stapelung

Bewege Deine Augen auf und ab. Verschieben sich die Würfelstapel?

Diese zwei Illusionen funktionieren, weil Dein Gehirn die schiefen Stapel begradigen möchte. Dadurch entsteht der Eindruck von Bewegung.

Schwankende Pilze

Bewege Deine Augen im Bild auf und ab. Schwanken die Pilze?

Pulsierende Muster

Lass Deine Augen frei über diese zwei Bilder schweifen.

Trotz der Einfachheit des Rastermusters im Bild links scheinen die Formen sich in Wellen diagonal zu bewegen, wenn Du die Augen über das Bild gleiten lässt.

Im Bild rechts scheint die Kreisform oben links vor einem Hintergrund zu schweben, der sich schubweise nach vorne ausdehnt.

Vögelchen **flieg**

Wenn Du einen Vogel fixierst, fangen die anderen an, sich hin und her zu bewegen.

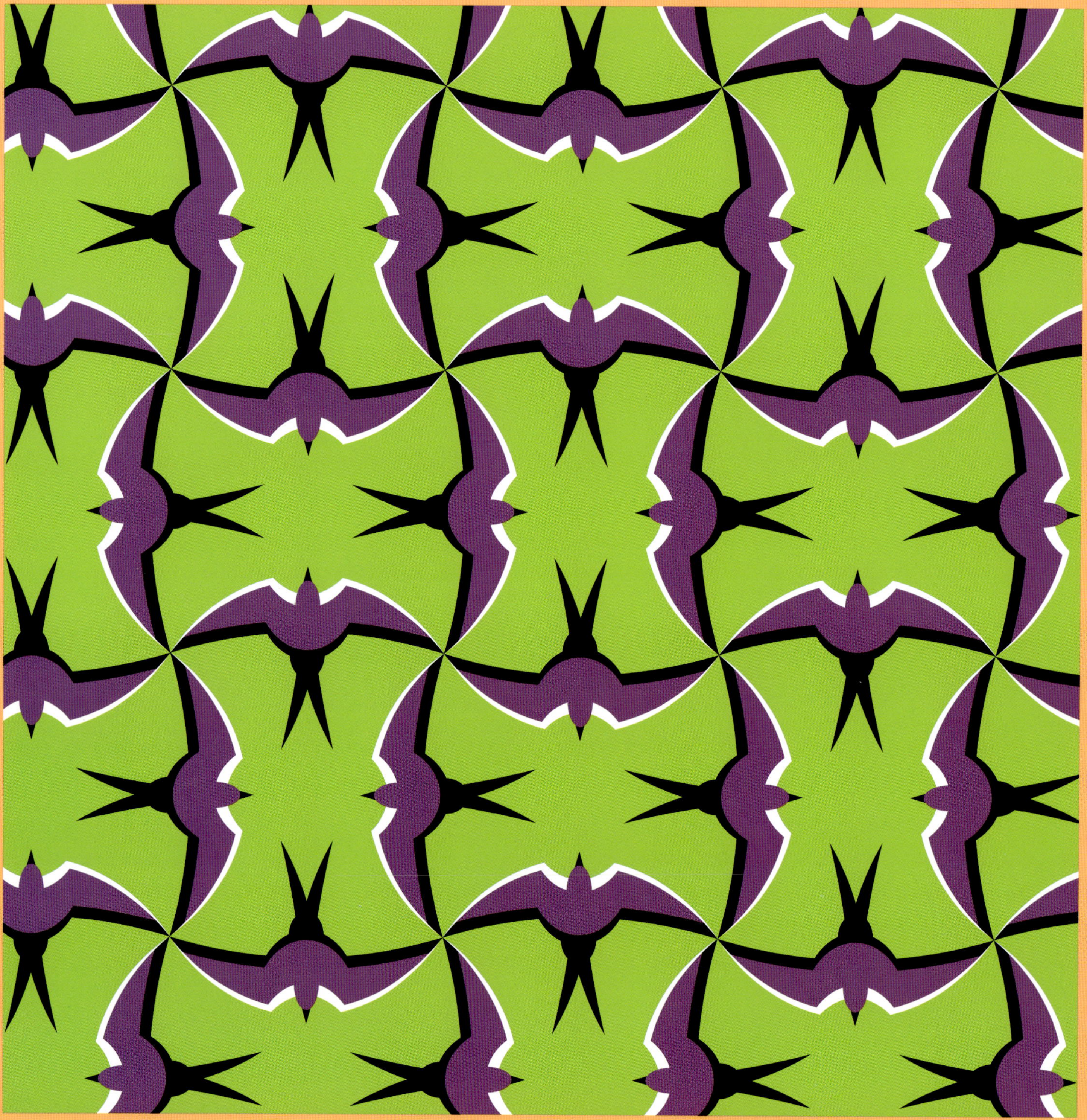

Blüten*pracht*

Lass Deine Augen langsam kreisen und beobachte, wie die Blumen sich öffnen.

Häuser-*Ring*

Während Du diesen Text liest, fangen die Häuserringe langsam an, sich zu drehen.

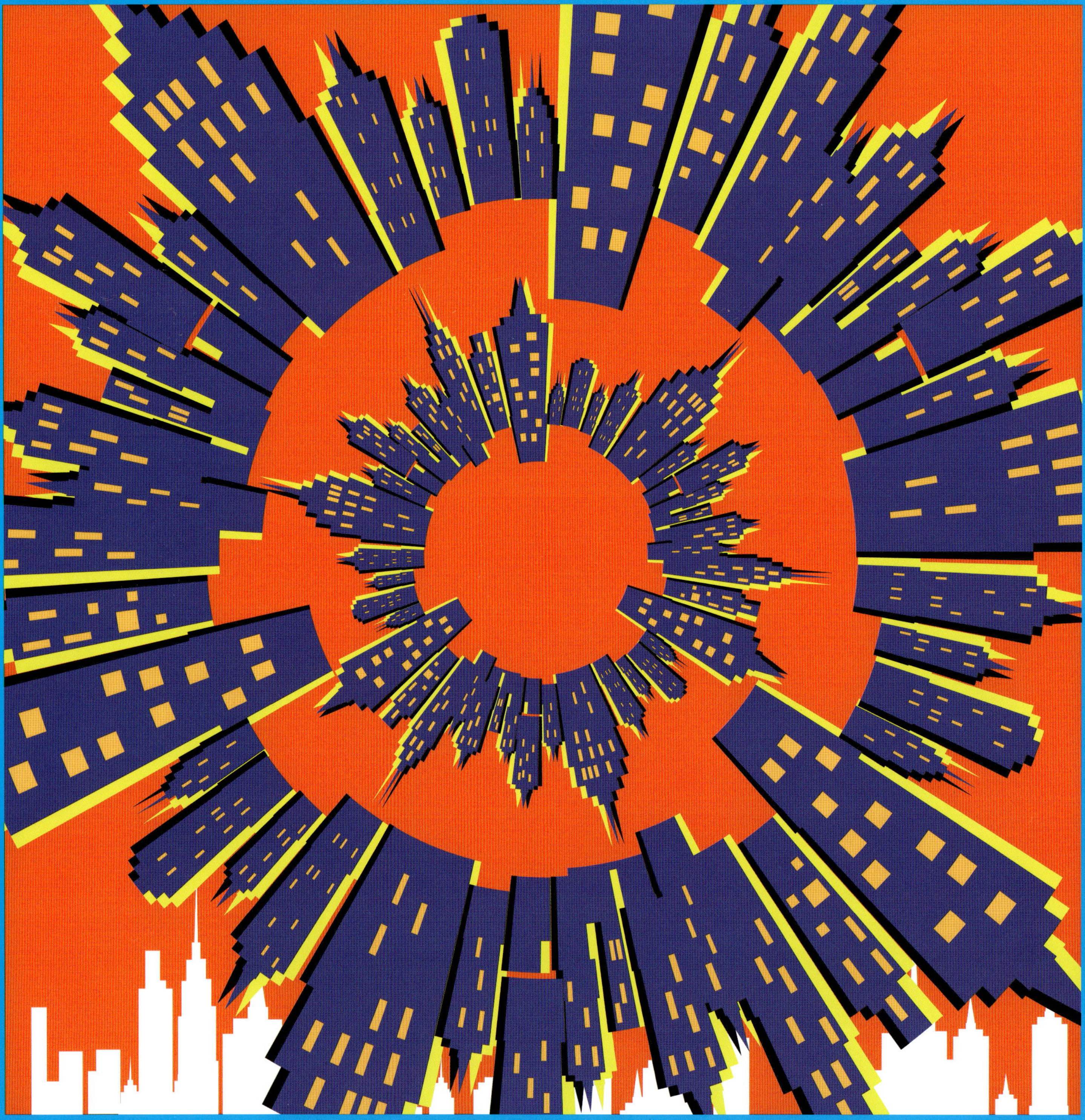

Rein und **raus**

Die gemusterten Stäbe schwanken aus dem Buch heraus und wieder hinein.

Tanz in Rot

Wenn Du auf und ab blickst, setzen sich die Tänzer in Bewegung.

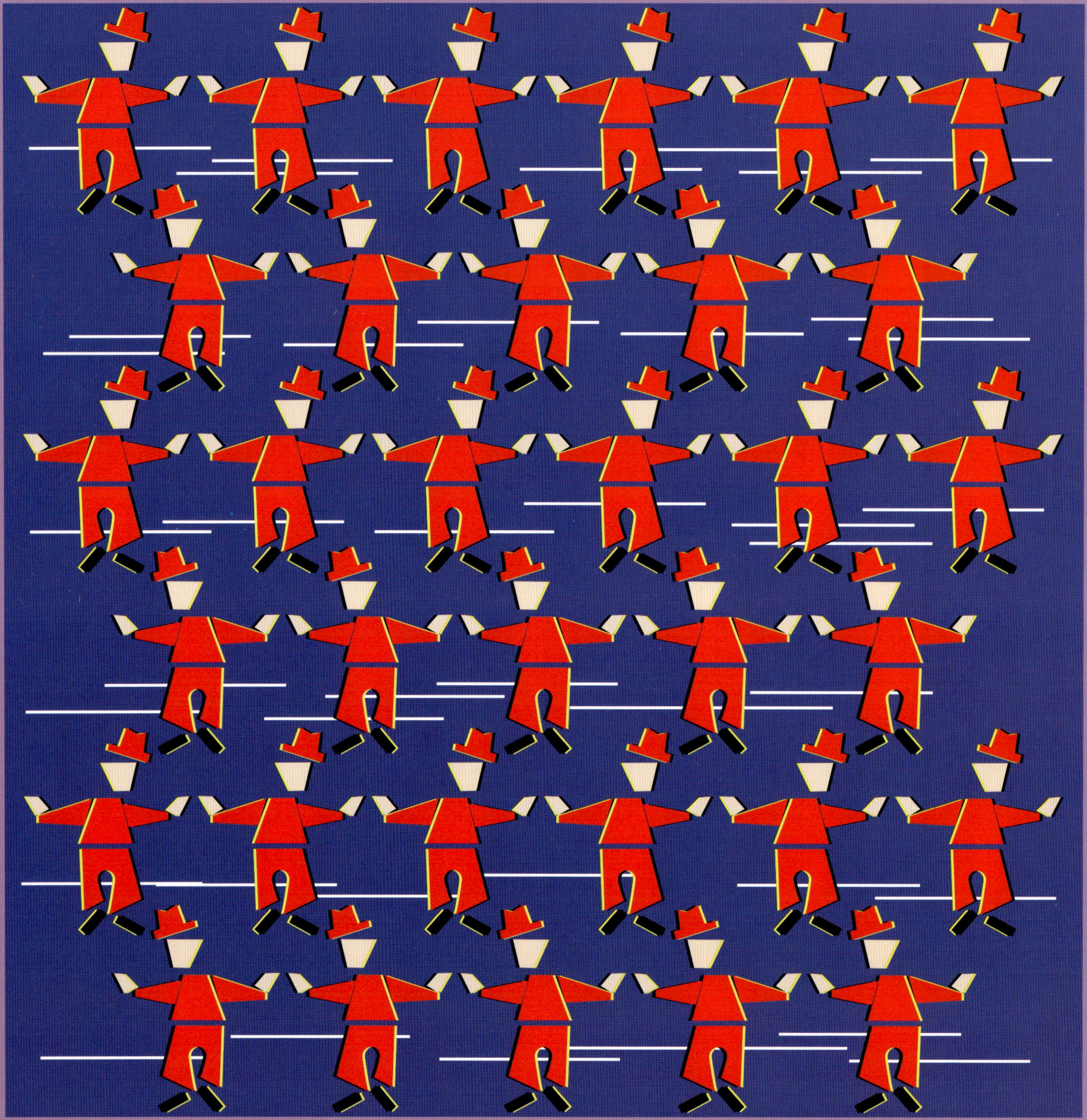

Lauter **Labyrinthe**

Schau am oberen Rand von links nach rechts: Die Labyrinthe streben auseinander.

Seifenblasen-Himmel

Wenn Du einzelne Seifenblasen fixierst, bewegen sich auch die anderen.

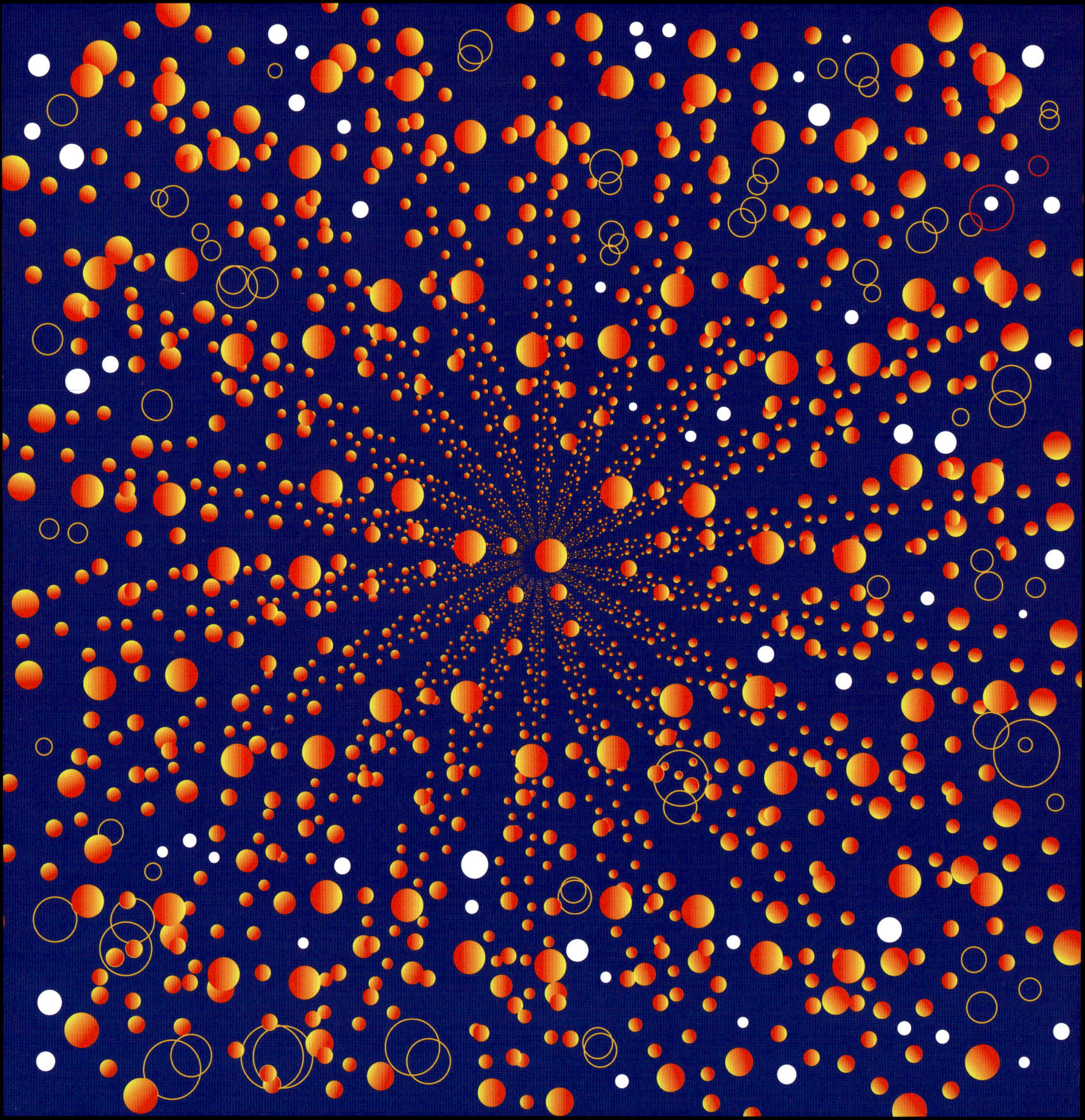

Anmutiger **Pfau**

Dieser Vogel schlägt ein Rad mit seinem Gefieder, wenn Du es anschaust.

Sie **leben!**

Blicke von einer Zellenmitte zur nächsten: Die Zellen scheinen zu atmen.

Eine andere **Dimension**

Schau auf den rechten Rand der Seite, um diese Illusion zu aktivieren.

Kartons im **Kreis**

Wenn Du eine Kartongruppe fixierst, fangen die anderen an, sich zu drehen.

Luftige Flügel

Betrachte den Körper des Schmetterlings – er scheint durch die Luft zu schweben.

Während Du auf die Mitte des Schmetterlings blickst oder diesen Text liest, kommt es Dir so vor, als würde der Schmetterling sanft abwärts schweben. Dies ist eine besonders überzeugende optische Täuschung.

Expansion erwünscht

Schau auf die Mitte des Bildes: Die äußeren Quadrate expandieren.

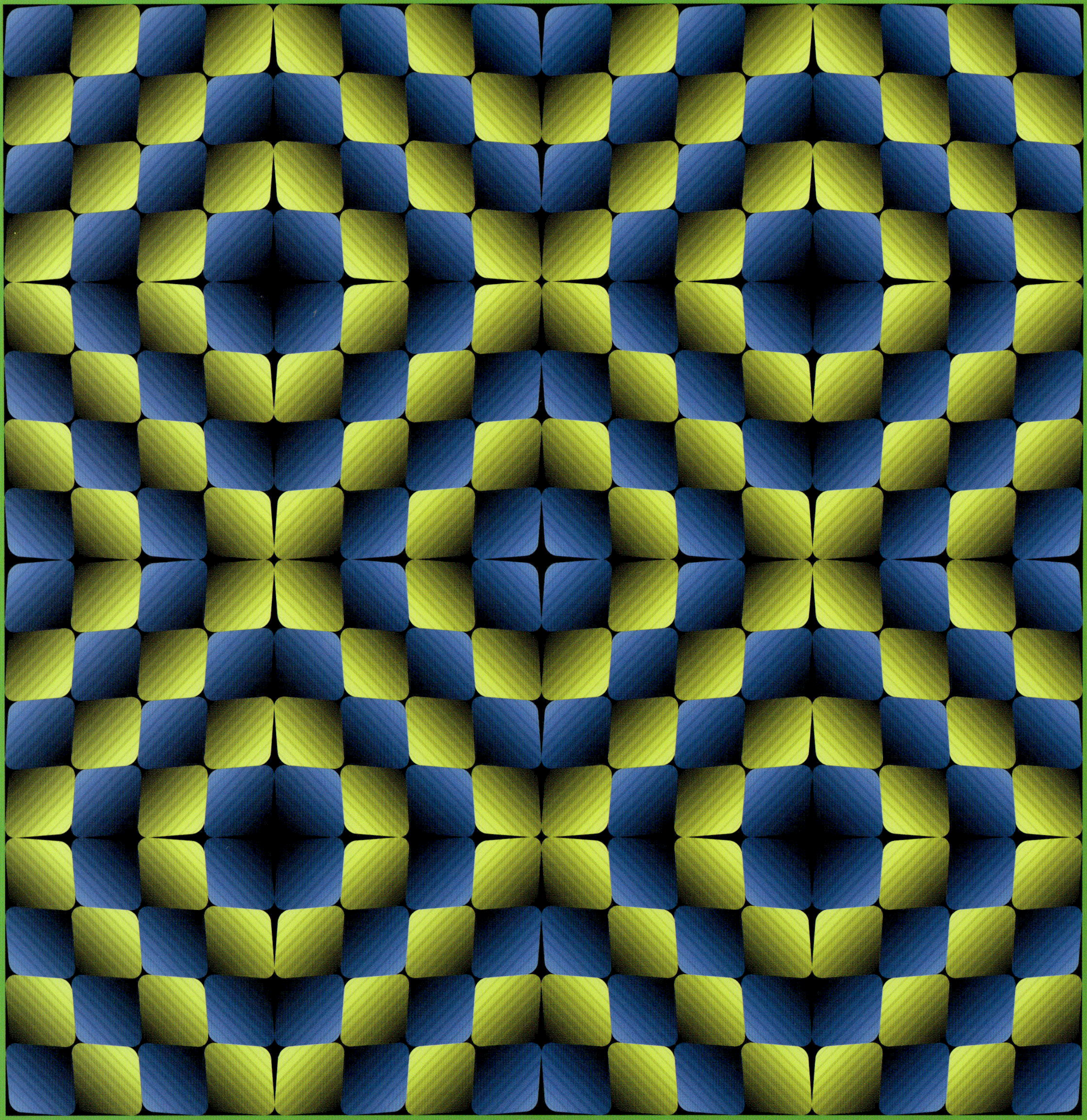

Immer im Kreis herum

Wenn Du Deine Augen langsam im Uhrzeigersinn bewegst, rotiert das Bild.

Mitten im *Mixer*

Wenn Du zuerst den Rand und dann die Mitte fixierst, dreht sich der Mixer.

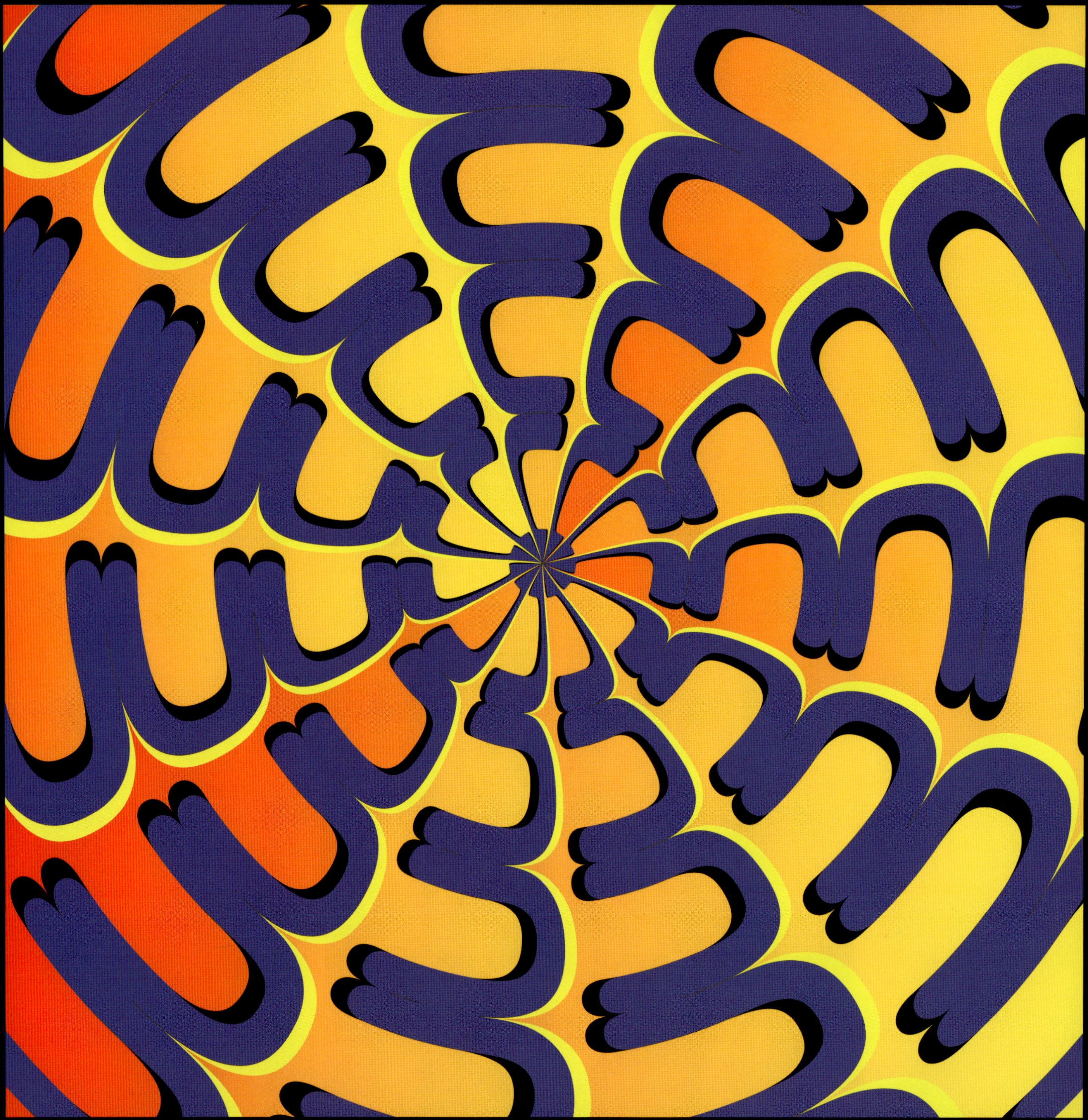

Ihr Gerät ist nicht defekt

Dieses Muster scheint überall nur so vor Energie zu flimmern.

Es **beobachtet Dich**

Bewege den Kopf erst auf das Bild zu und dann davon weg. Der Tunnel lebt!

Moderne *Muster*

Bewege Deine Augen erst von links nach rechts und dann von rechts nach links.

Die Säulen in dem Bild unten scheinen sich auf und ab zu bewegen.

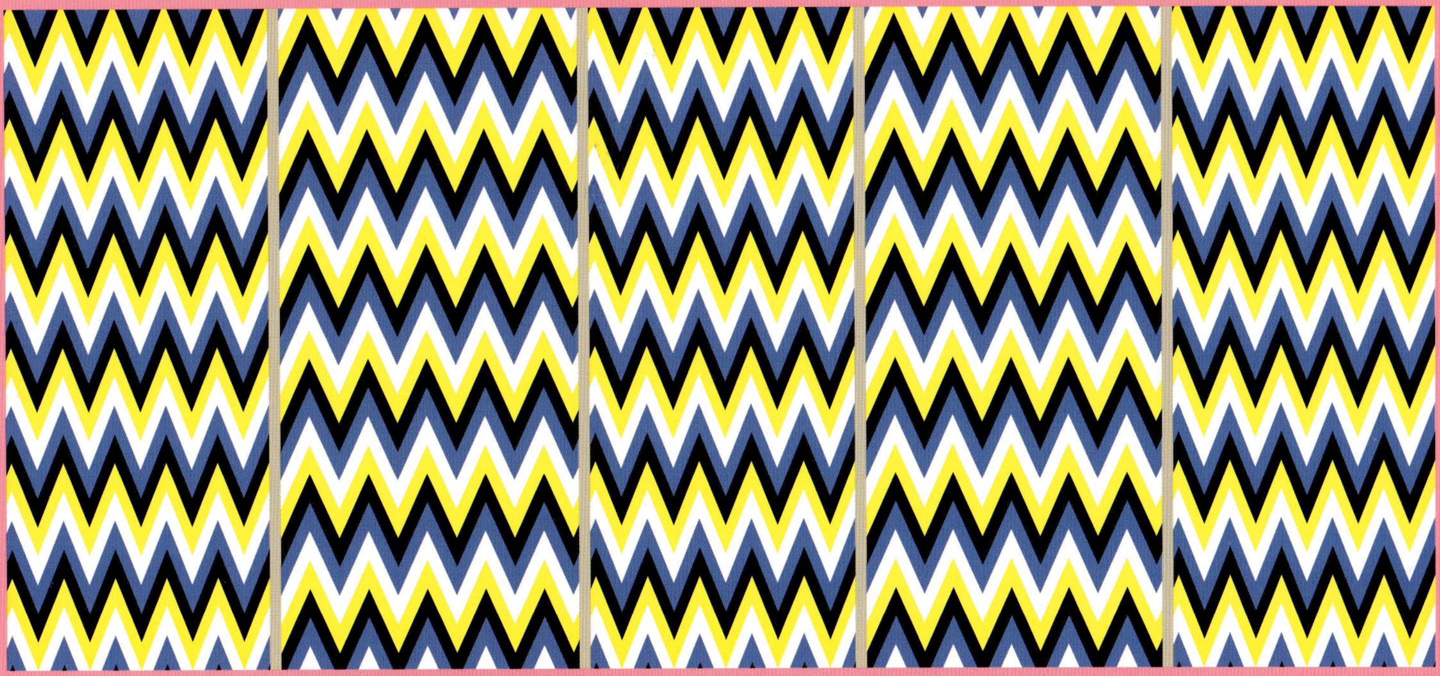

Diese Karos bewegen sich wellenförmig, wenn Deine Augen über sie hinweg gleiten.

Tanz der *Tentakel*

Lass Deine Augen auf dieser Seite auf und ab treiben wie die Quallen im Meer.

Flower-**Power**

Diese Blume scheint sich auszudehnen, wenn man ihr langsam näher kommt.

Einwärts-*Spirale*

Versuche, die Spirale bis ins Zentrum zu verfolgen – bald schon dreht sich alles.

Flocken *rocken*

Wenn Du mit den Augen über das Bild wanderst, wackeln die roten Flocken.

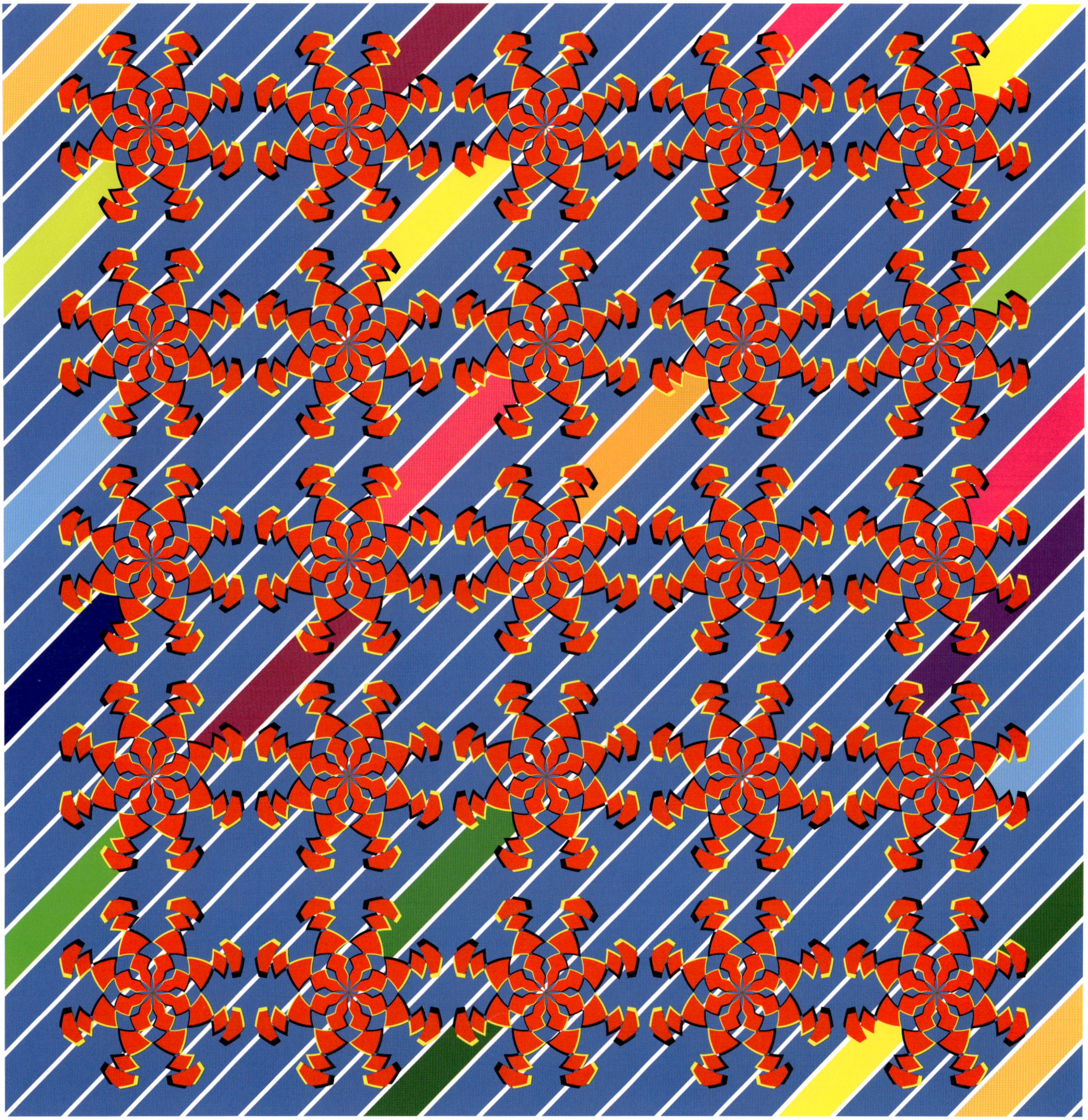

Wilde **Wiese**

Schau von den Schmetterlingen zu den Blumen und zurück. Die Wiese lebt!

Im **Orbit**

Wenn Du die Bildmitte fixierst, drehen sich die äußeren Ringe.

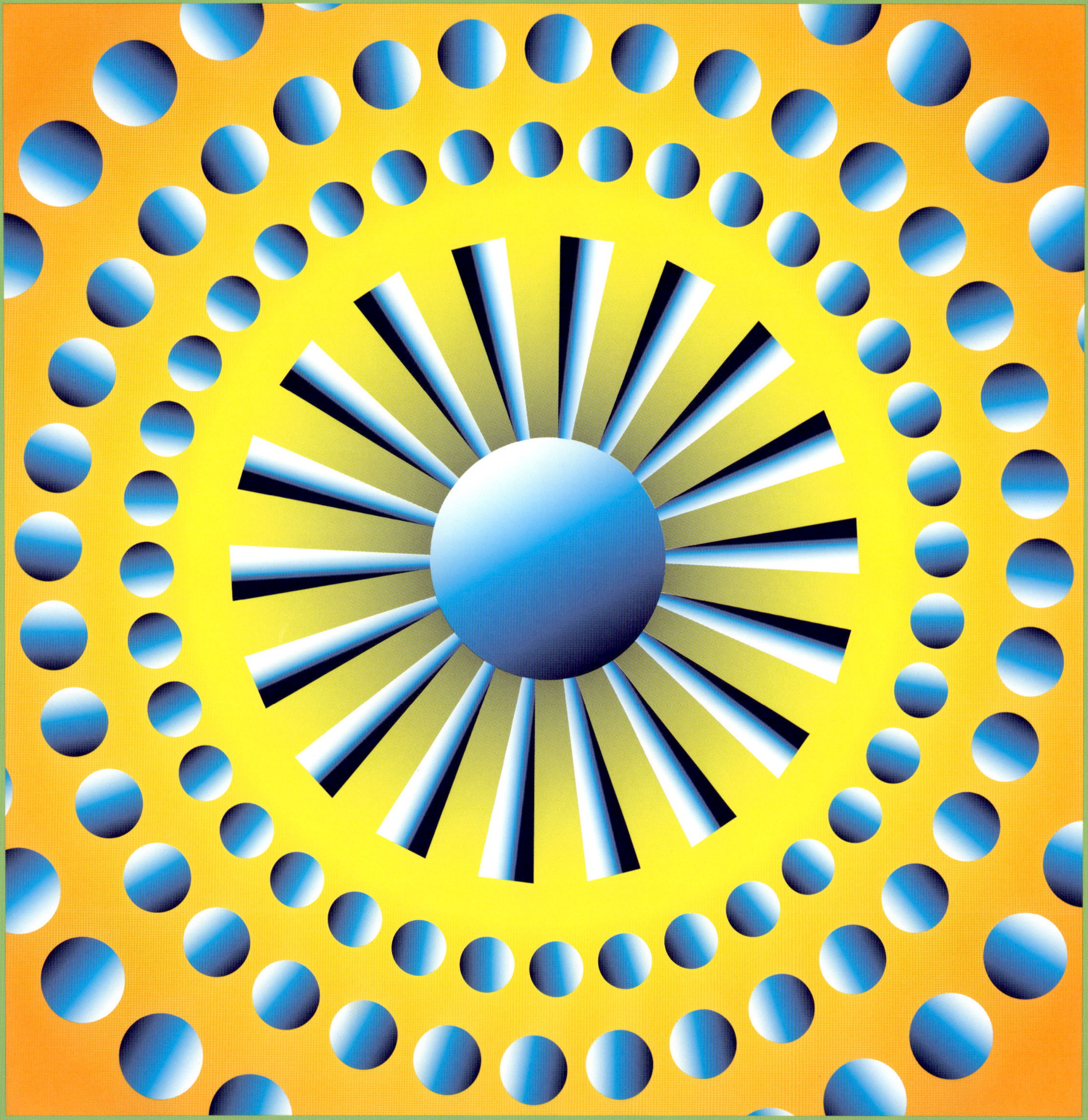

Starker Strudel

Egal wo Du hinsiehst, dieses Bild zieht Dich in seinen Sog hinein.

Blüten-*Boom*

Schau auf die Bildmitte und dann auf diesen Text: Die Blume fängt an zu wachsen.

Von der **Rolle**

Dieses Muster scheint sich wellenförmig auf und ab zu rollen.

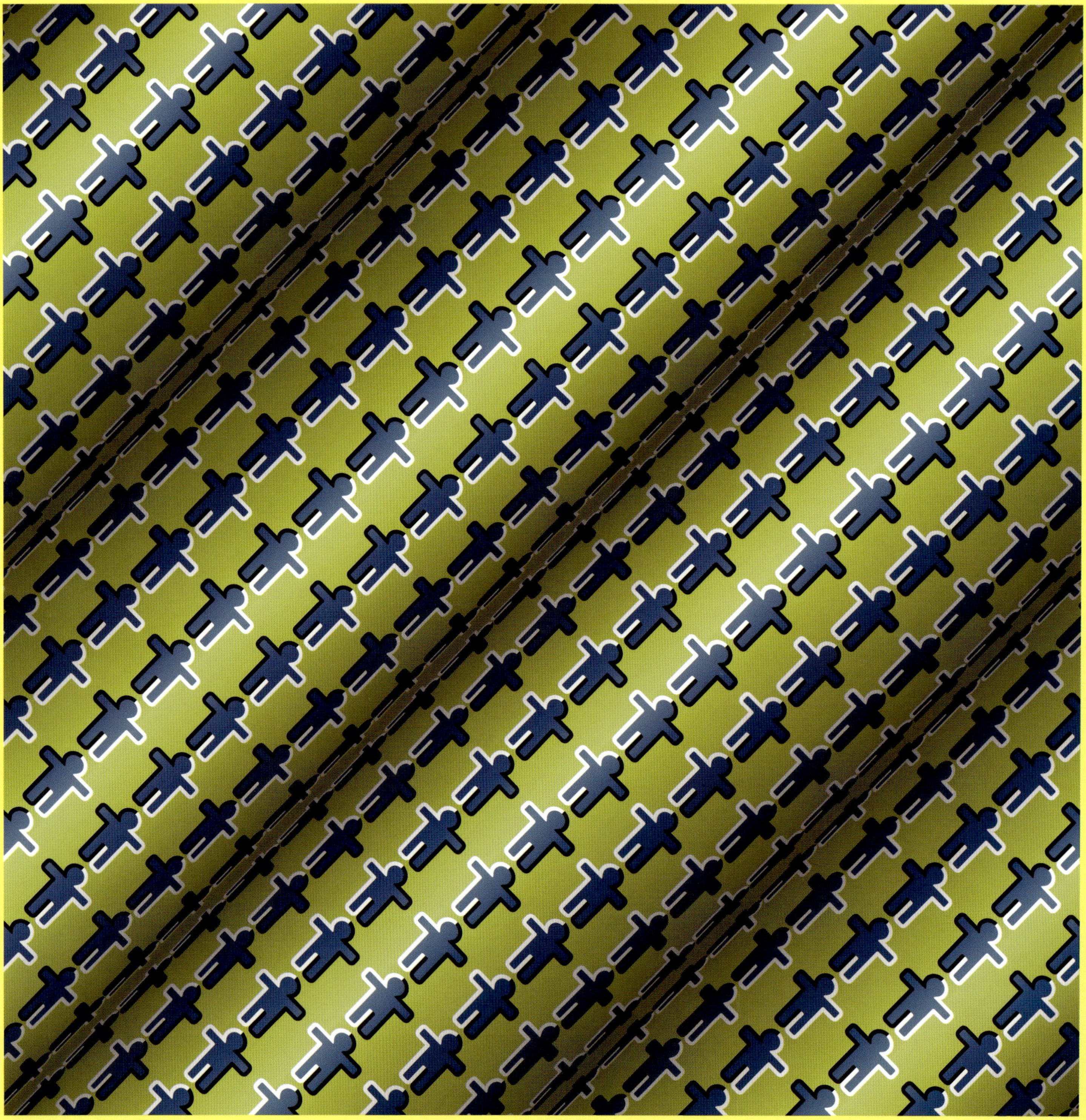

Fliegender *Schwarm*

Blicke von oben nach unten. Siehst Du, wie die Vogelformation rotiert?

*Verkehr*schaos

Löse den Verkehrsstau auf, indem Du schnell von Auto zu Auto blickst.

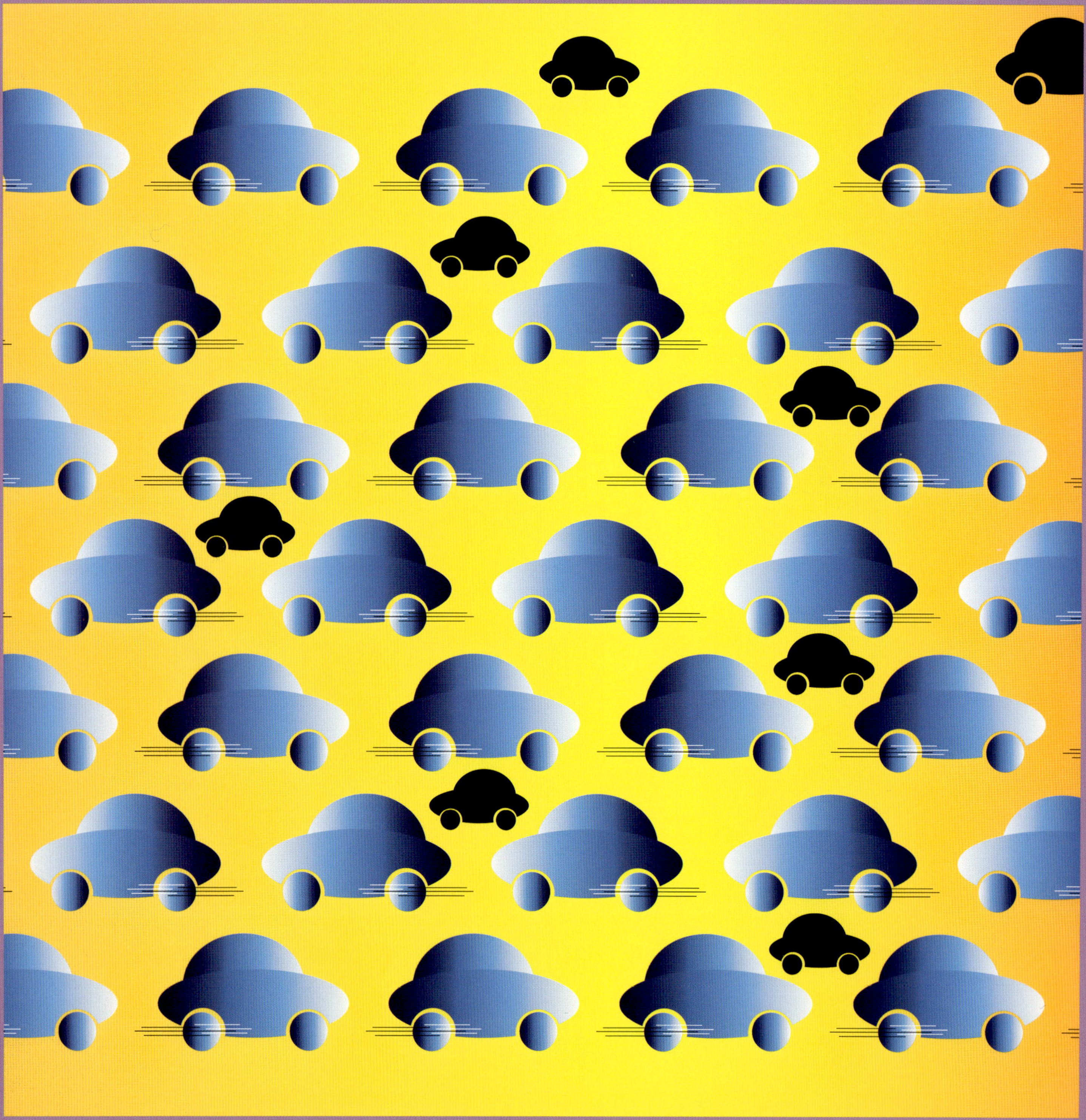

Krabbeltiere

Immer wenn Du wegschauen willst, beginnen die Insekten zu krabbeln …

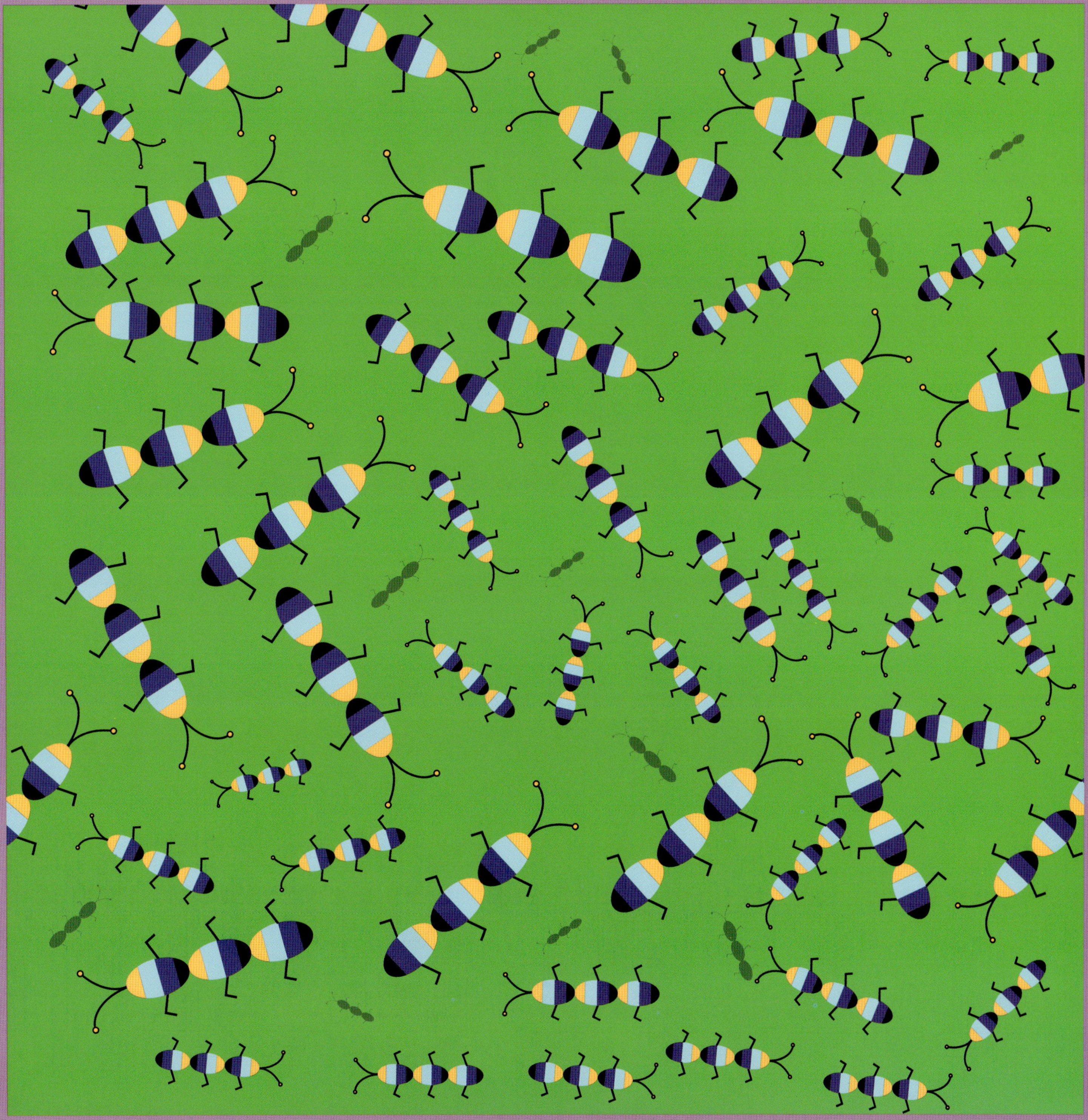

Wackliges Weihnachten

Wenn Du auf und ab blickst, schwanken die Weihnachtsbäume leicht hin und her.

Schnee-*Dreh*

Schau an den Rand des Bildes, dann drehen sich die hübschen Schneeflocken.

Punkte und Kästen

Fixiere die Punkte, bis sie verschwimmen. Fangen sie an zu pulsieren?

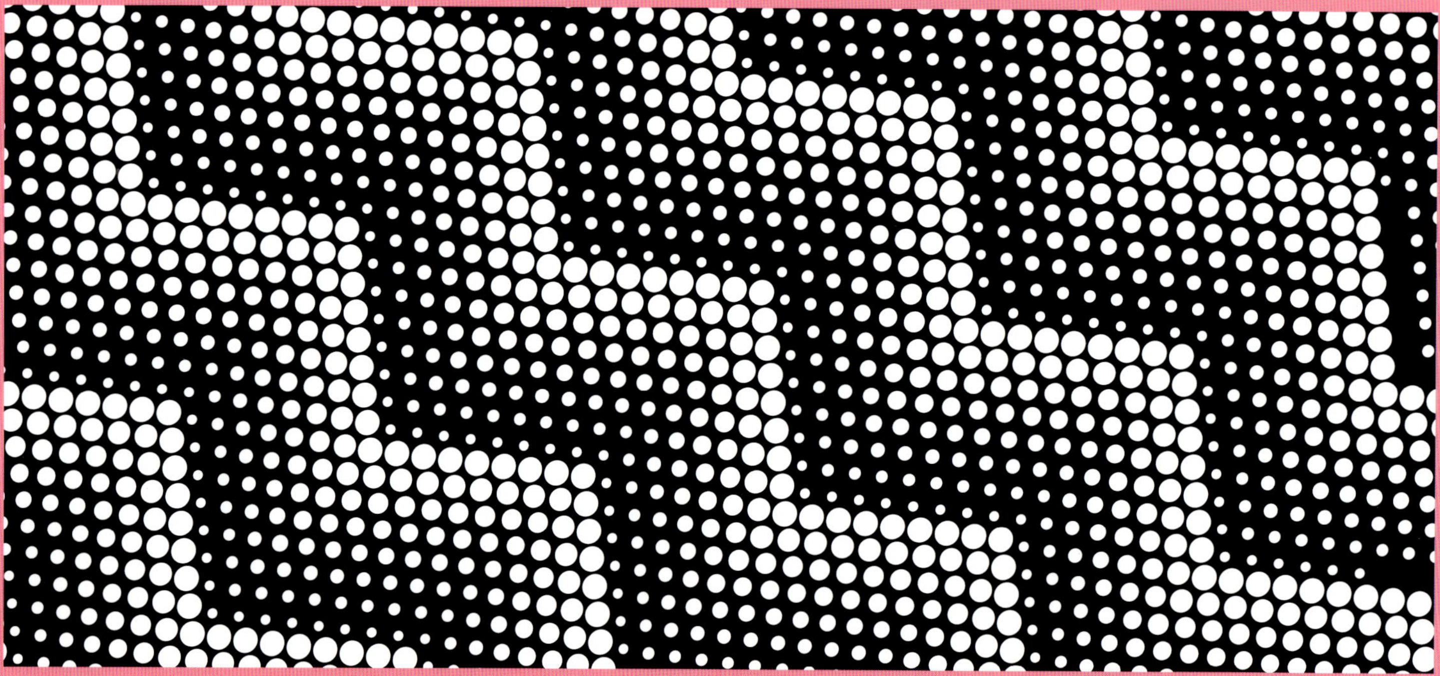

Wandere mit den Augen von einem Kästchen zum anderen. Bewegen sie sich?

Im **Bälle**-*Bad*

Wenn Du diese Bälle ins Visier nimmst, drehen und verändern sie sich.

Flackernde Lichter

Diese Kerzen bewegen sich nur vom Ansehen – ganz ohne Luftzug!

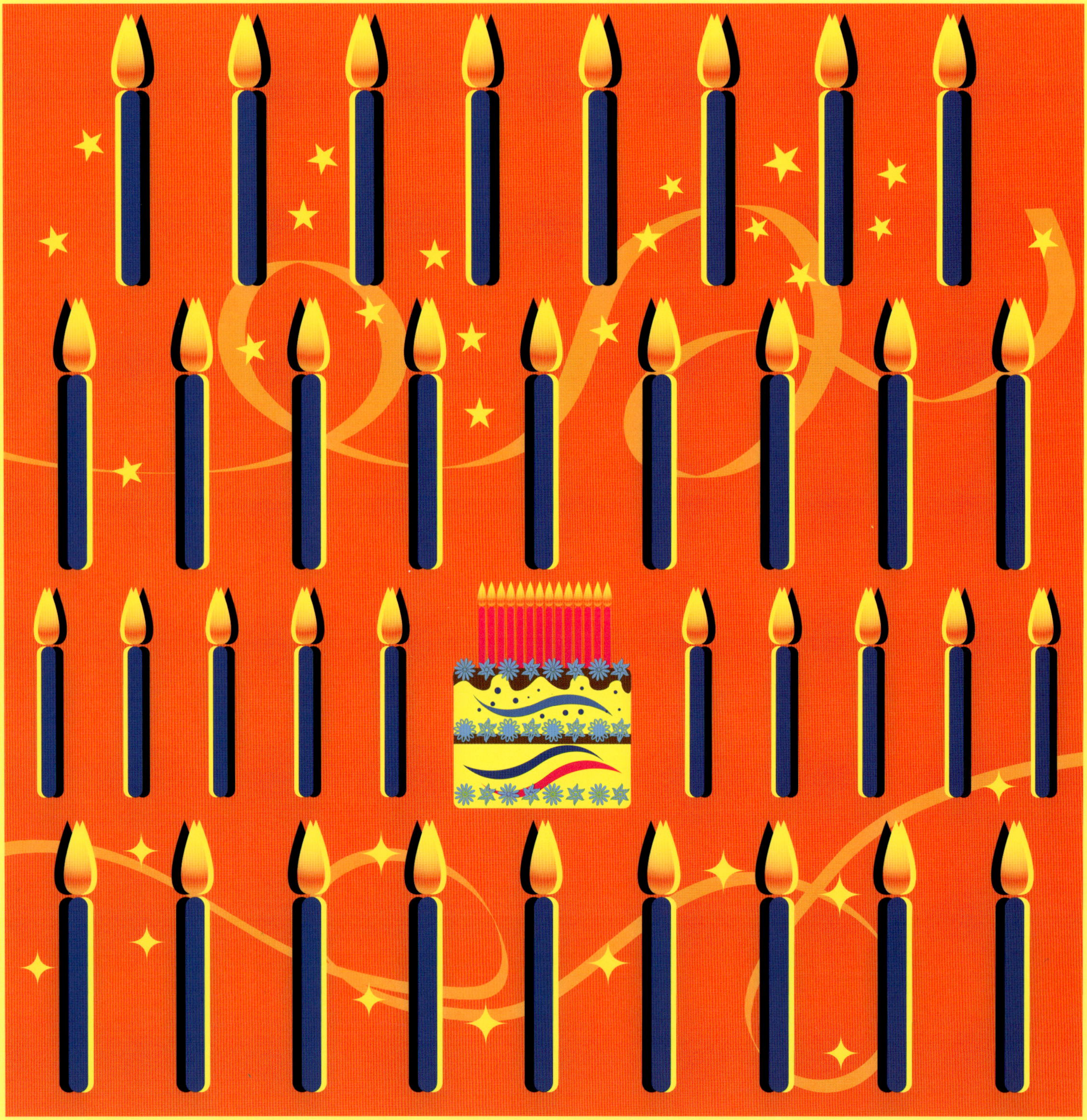

Es kreucht und fleucht

Kannst Du die Schlangen zum Kriechen und die Fische zum Schwimmen bringen?

Fixiere einen Teil einer Schlange, dann einen anderen und so weiter. Nach einer Weile werden sich die Tiere bewegen.

Blicke, während Du diesen Text liest, zu den Fischen hoch und dann wieder zurück zum Text. Kannst Du sehen, wie sie schwimmen?

Sonnenenergie

Die Linien rotieren und flackern. Zieh die Seite schnell näher zu Dir heran!

Anziehungs*kraft*

Dieses Bild wird Dich sofort in seinen Bann ziehen ...

Sie sind **gelandet!**

Beobachte den lila Himmel: Die Aliens setzen zur Landung an!

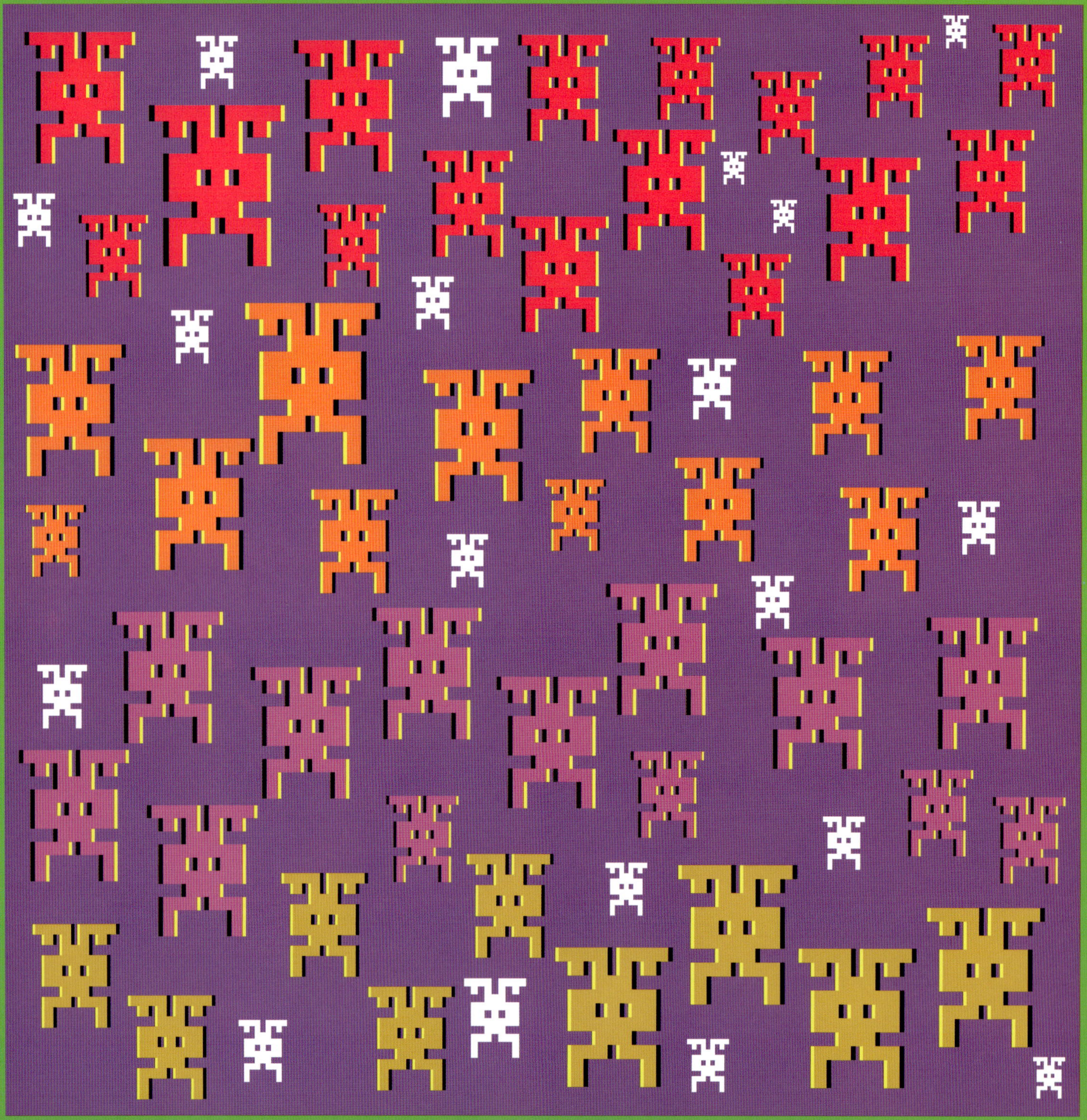

Samba-*Fieber*

Diese bunten Federn wanken wie Sambatänzerinnen beim Karneval in Rio.

Flimmer*kiste*

Fixiere eine der Figuren mittig und dann eine andere. Flimmern und wackeln sie?

Hinten **Durchzug**

Bei diesem Bild scheint der Hintergrund von links nach rechts vorbeizuziehen.

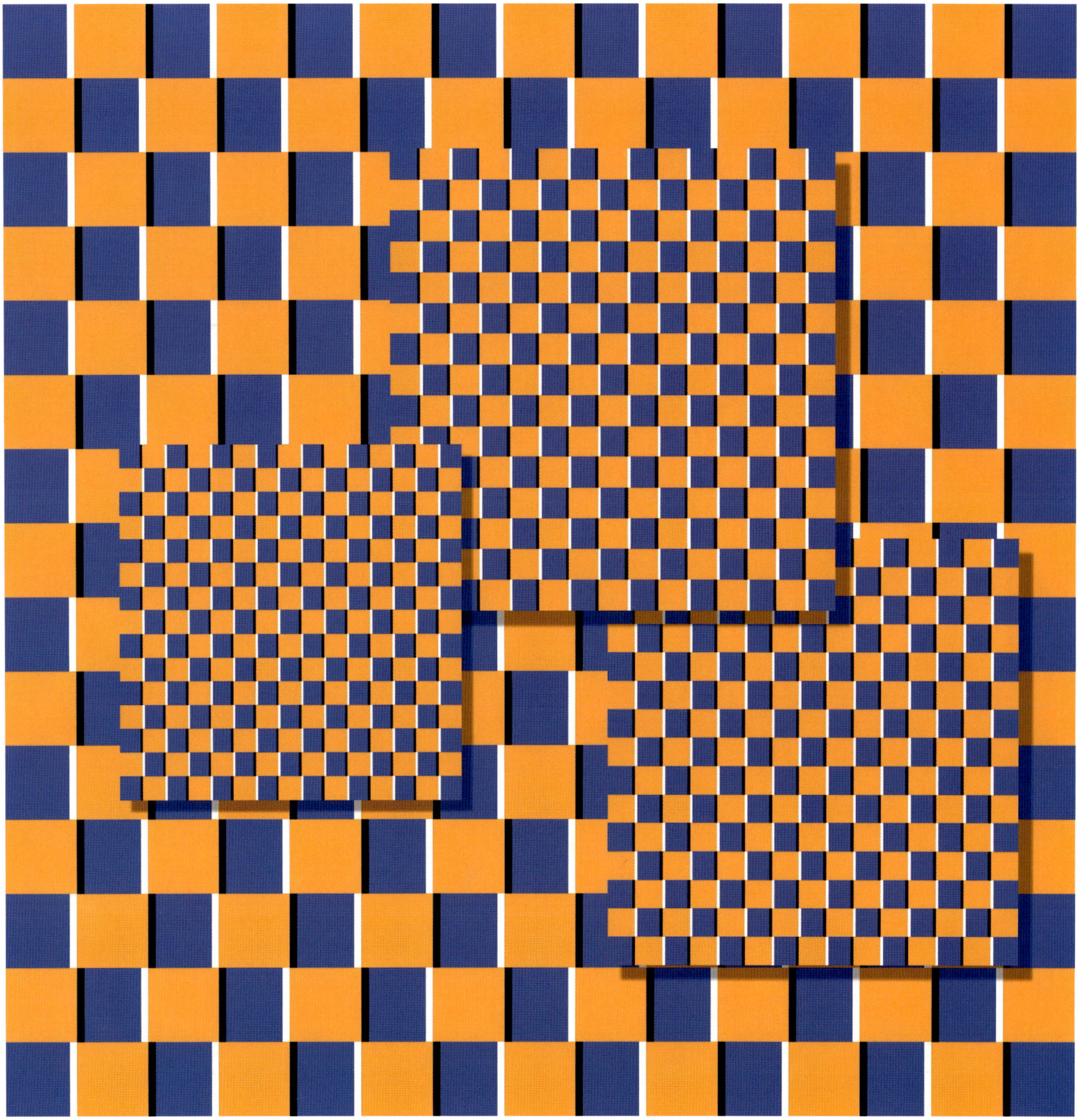

Revolution der *Vs*

Folge dem äußeren V-Ring in Richtung der V-Spitzen. Sie marschieren los!

Hin und *her*

Beide Muster schwanken hin und her, wenn Deine Augen über sie hinweggleiten.

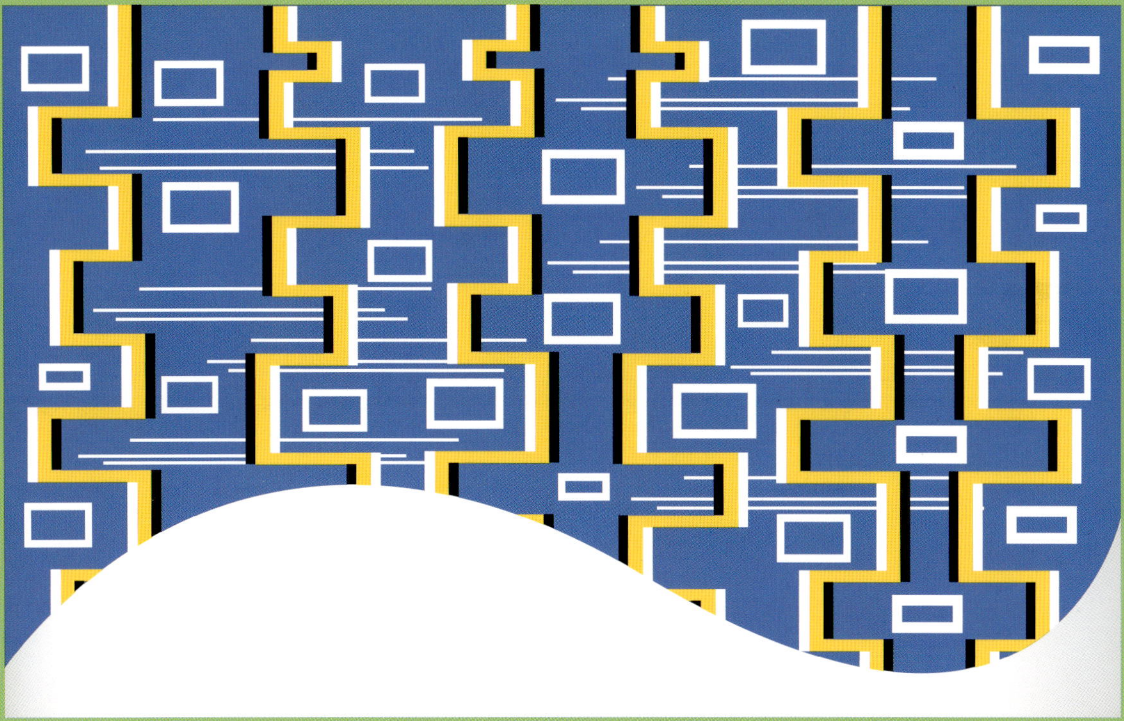

Die Spalten im Bild links scheinen zu schwanken. Wenn Du die Illusion nicht sofort siehst, richte Deine Augen von diesem Text direkt auf die Mitte des Bildes und halte sie einen Moment lang in dieser Position.

Bewege Deine Augen diagonal über das Bild, um die maximale Wirkung zu erzielen.

*Dreh*scheiben

Die Scheiben drehen sich, wenn Du von einer Scheibenmitte zur anderen blickst.

Seerosen *sehen*

Diese hübschen Seerosen blühen auf, wenn Du das Bild betrachtest.

Bohnen-**Boogie**

Wenn Du von einer Ecke zur anderen schaust, werden diese Böhnchen munter.

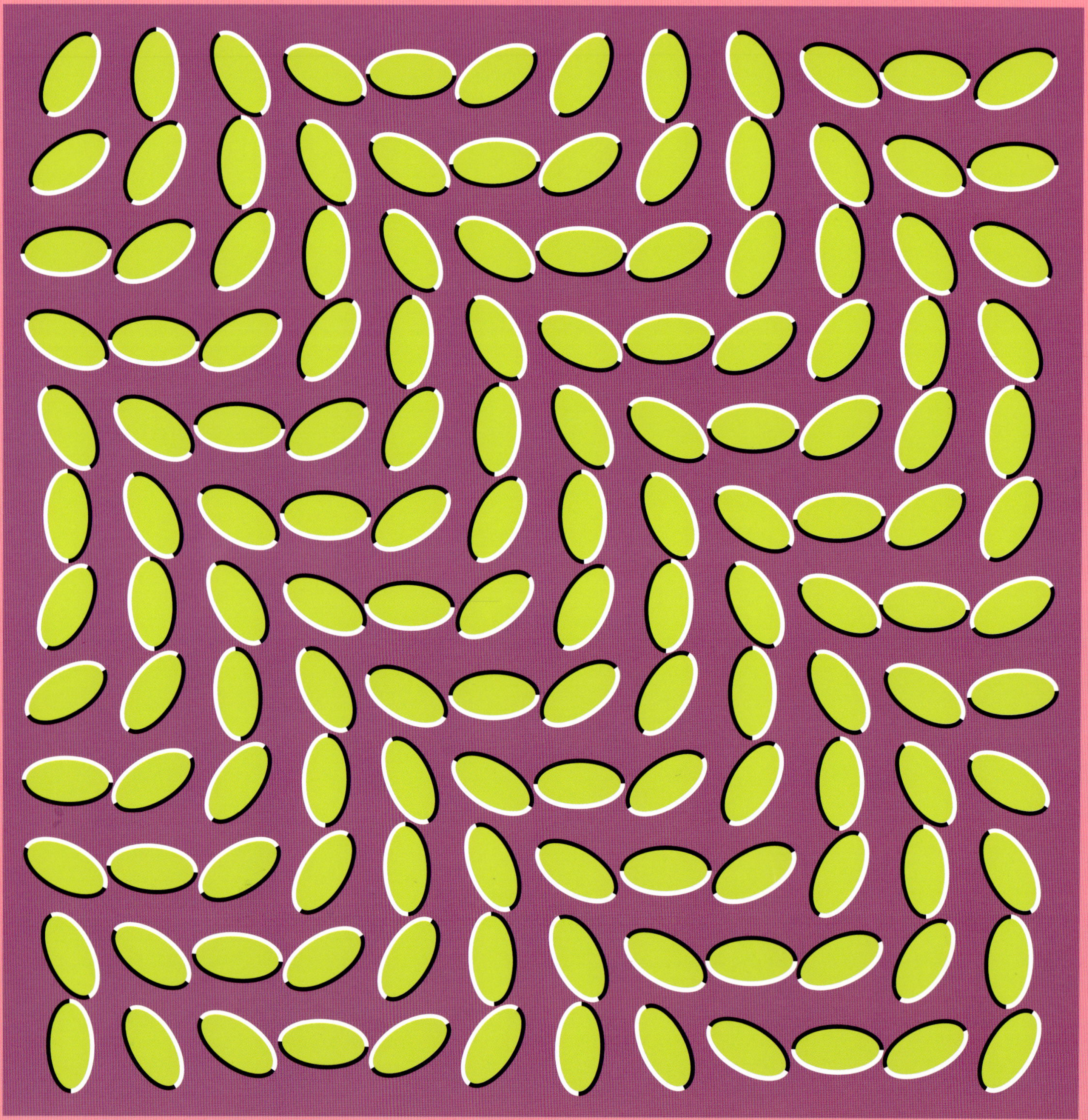

Tunnel des Zitterns

Sieh zuerst auf den Rand und lass den Blick dann langsam in die Mitte gleiten.

Wirbelsturm

Dieser Wirbelwind gerät in Fahrt, wenn Du eine Ecke oder den Bildrand fixierst.

Abstrakte *Ablenkung*

Halte das Buch nicht zu nah und lass die Augen um die Formen herum schweifen.

Schön **stachelig**

Umfahre mit Deinem Blick die Ränder des Bildes. Vorsicht, Stacheln!

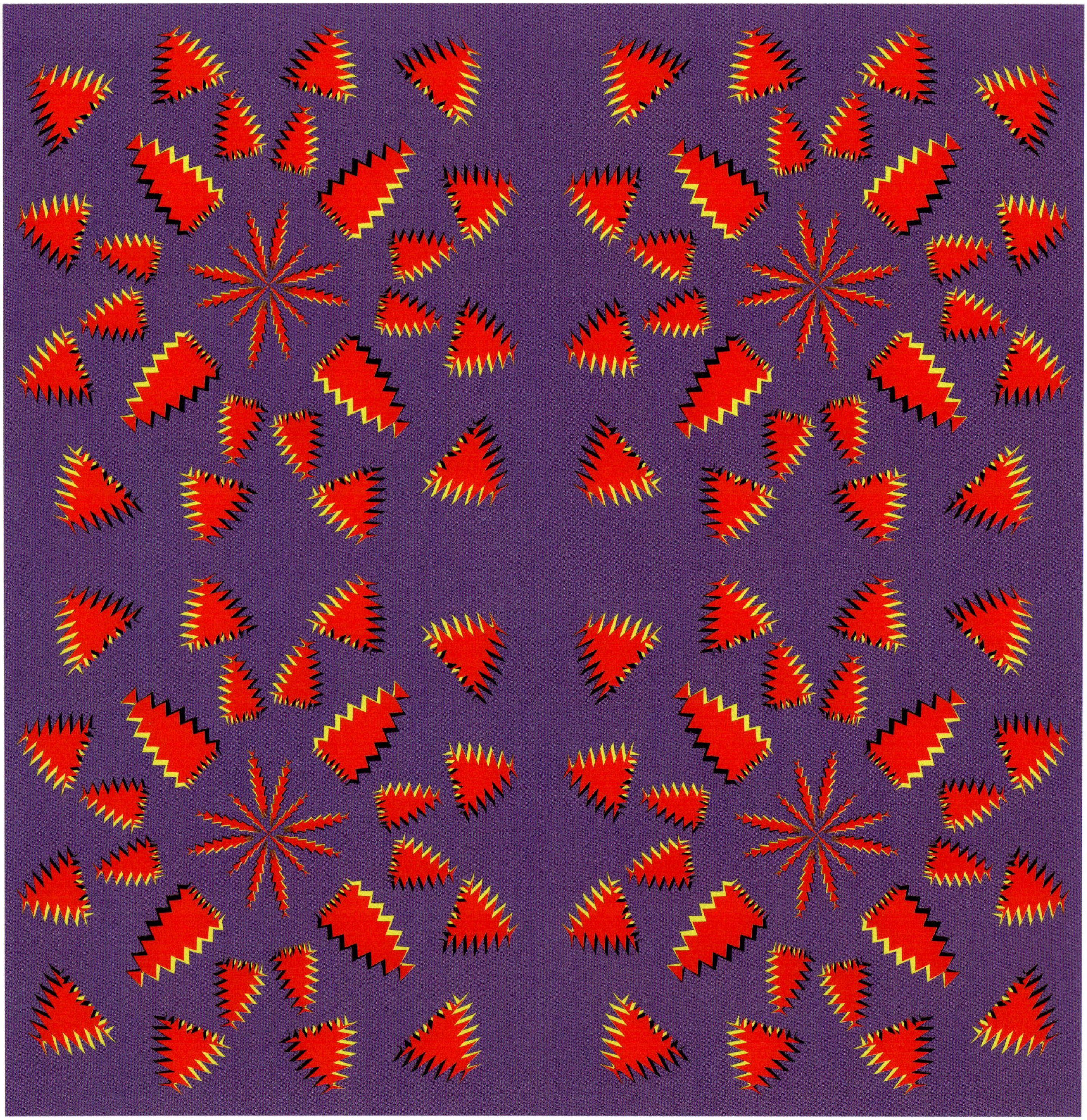

Punkte und Lücken

Schau vor allem auf die Lücken in diesen Bildern: Es könnte sich etwas bewegen.

Dieses Tischset-Muster scheint sich auf beunruhigende Weise zu bewegen. Das liegt vor allem an der Anordnung der sich überlappenden gelben Punkte.

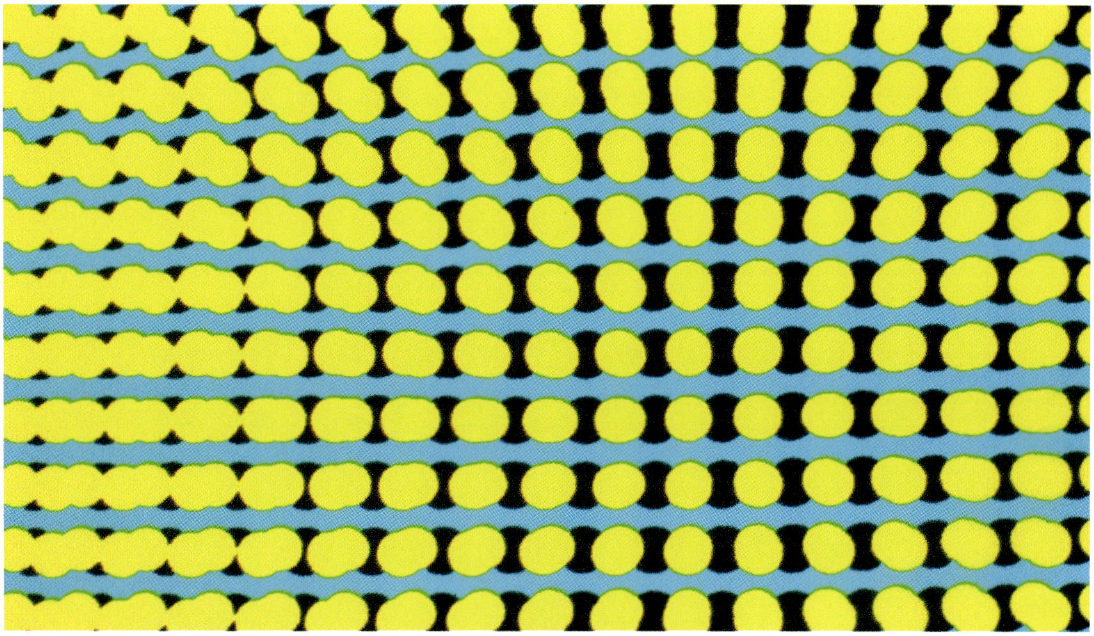

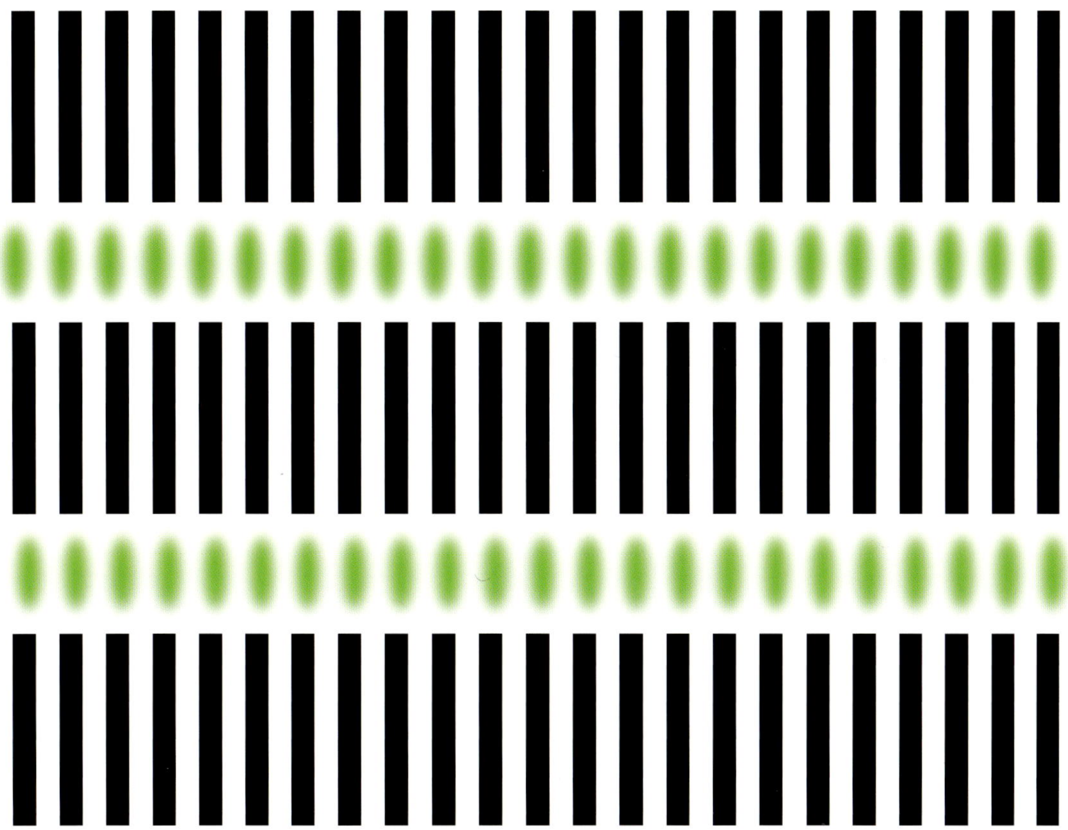

Die grünen Punkte wollen unbedingt in einer Linie mit den schwarzen Säulen stehen. Vielleicht siehst Du auch flimmernde weiße Flächen neben den grünen Punkten.

Flimmernde **Hitze**

Die seltsamen blauen Formen scheinen vor der Sonne hin und her zu schweben.

Dauer*wellen*

Diese Punkte schlagen Wellen, wenn Du das Bild überfliegst.

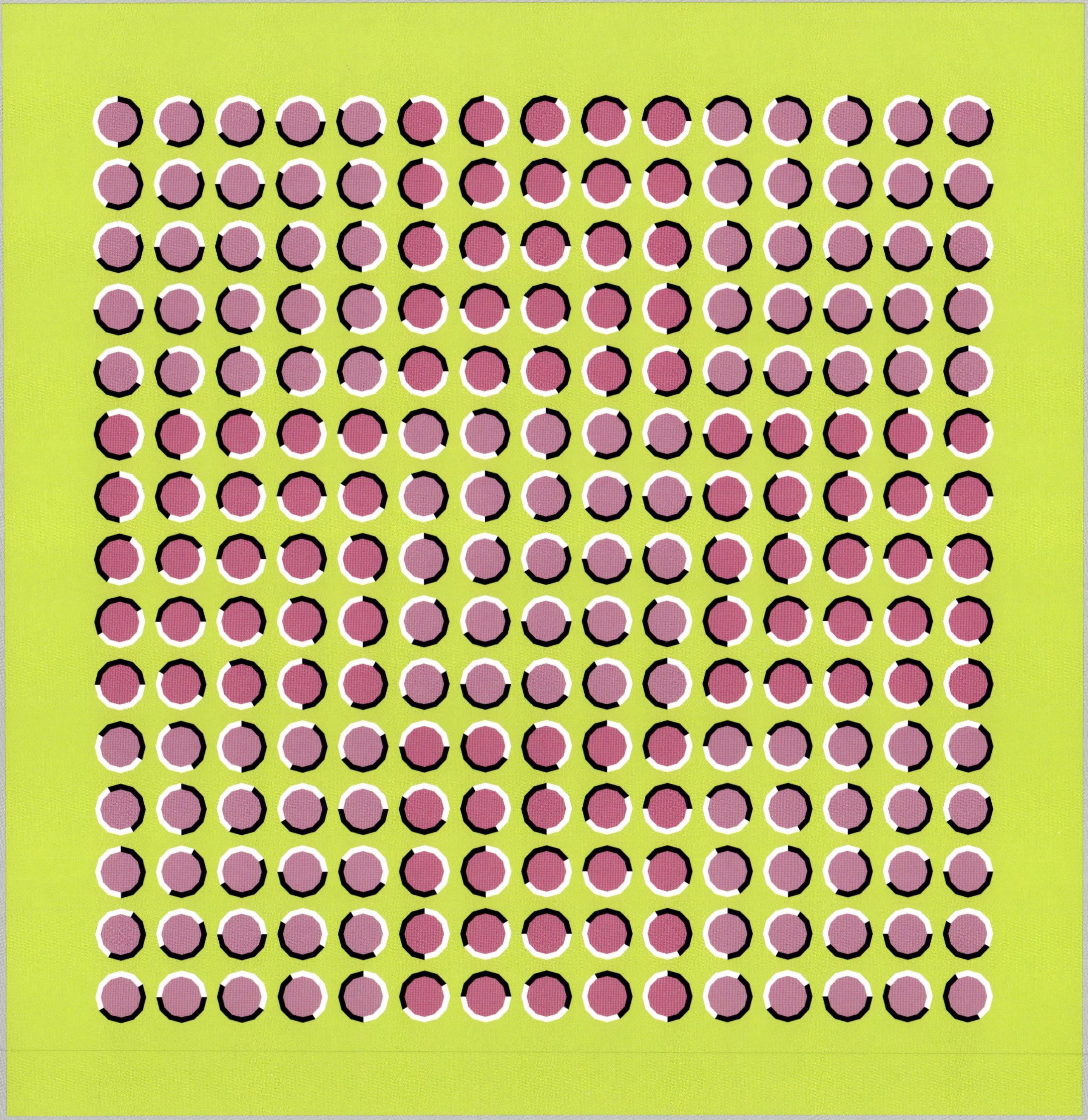

In der Disco

Diese Discokugeln scheinen zu rotieren, wenn Du sie mit den Augen umkreist.

Platsch, **Platsch!**

Fixiere die Mitte der Spritzer und setze den Blick gelegentlich ab.

Hypnose pur

Umkreise das Bild mit den Augen und lass Dich hineinziehen.

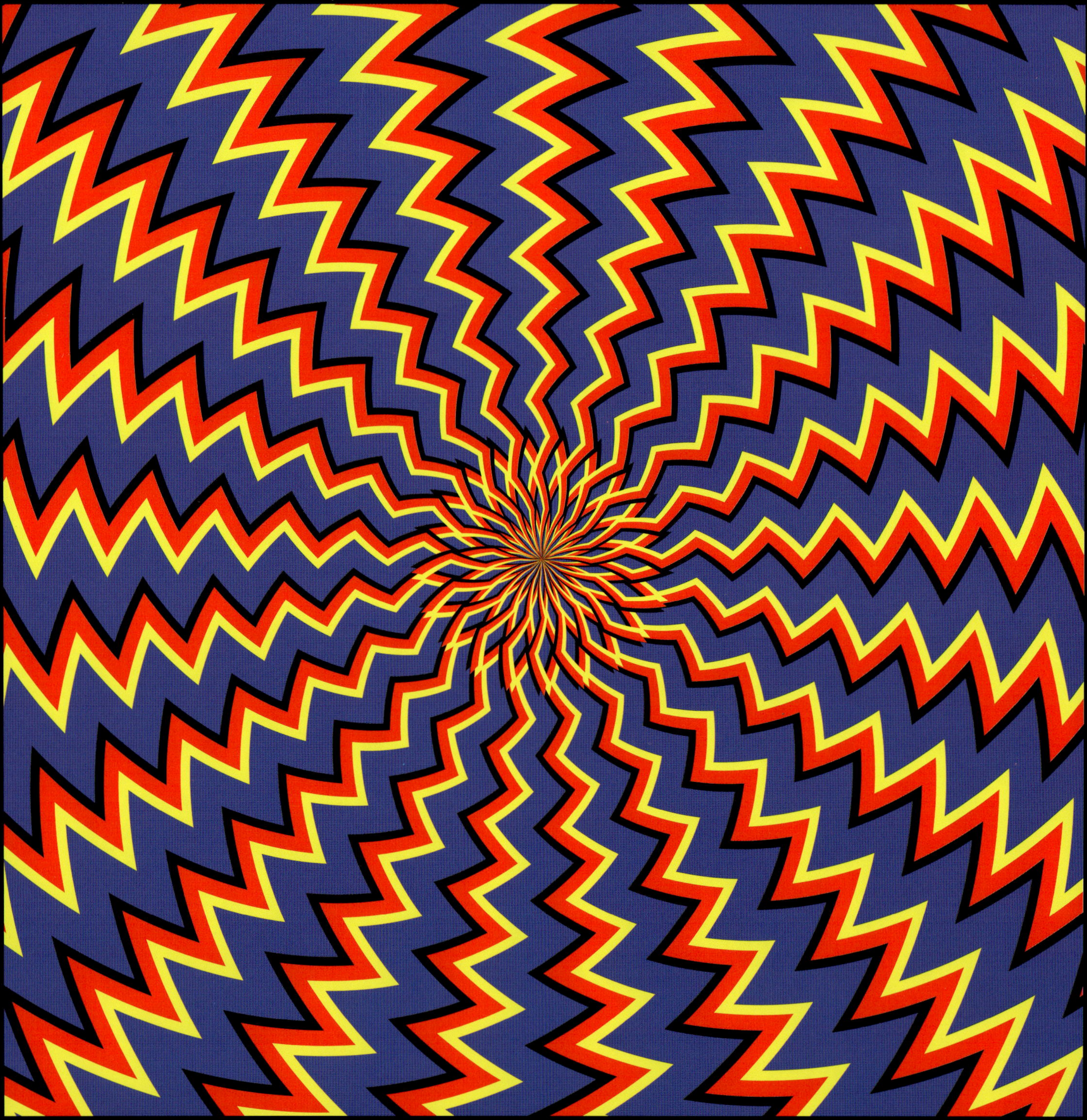

Mondsüchtig

Wenn Du von den Sternen zum Mond blickst, drehen sich die Fledermausringe.

Hoch die karierten Fahnen

Diese Fahne schwenkt sich selbst – lass Deinen Blick einfach umherwandern.

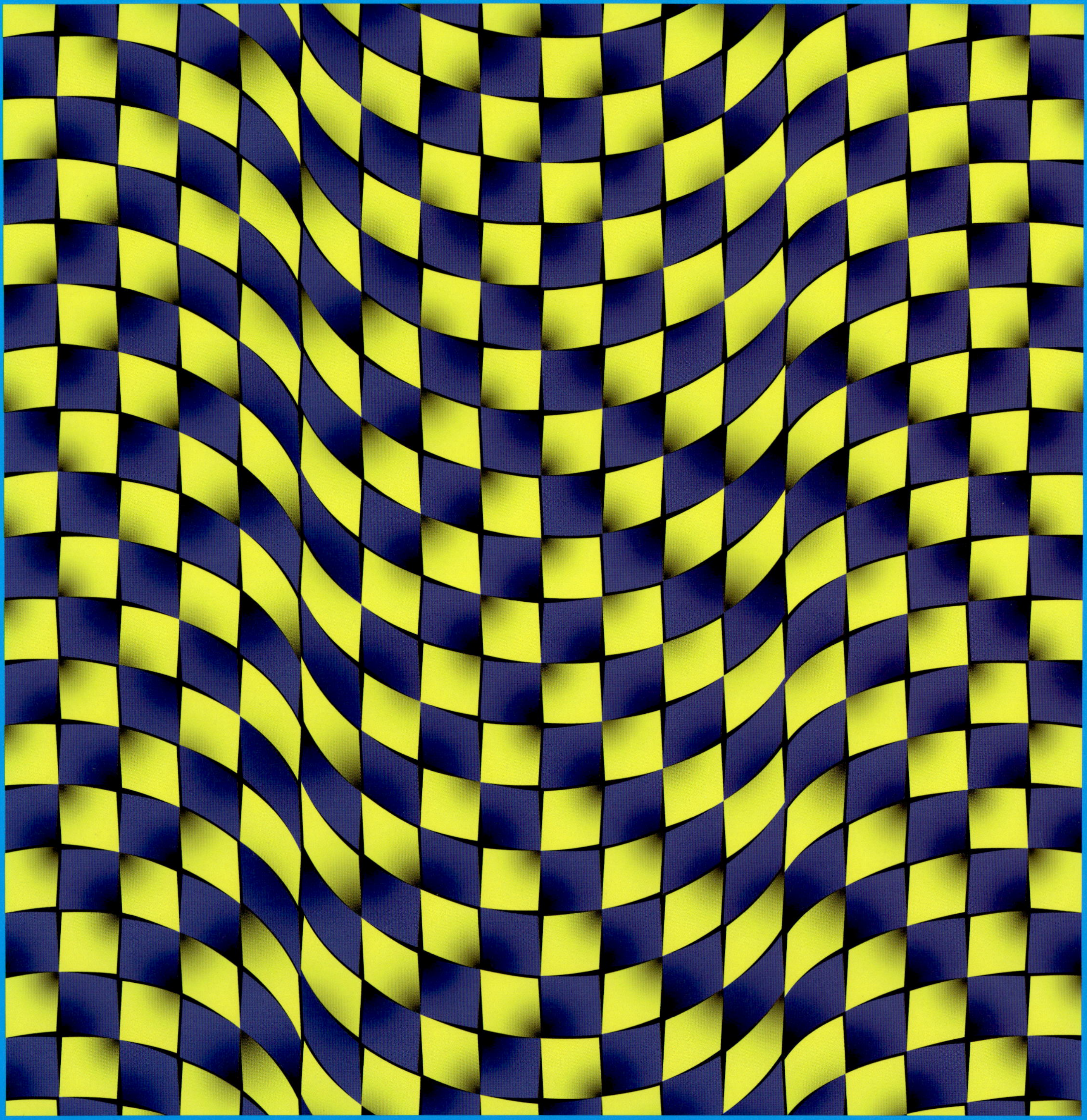

Großer **Feuerball**

Ausnahmsweise darfst Du in die Sonne schauen – und sie rotieren lassen.

Schillernde Streifen

Betrachte die grünen und gelben Streifen. Passiert etwas mit ihnen?

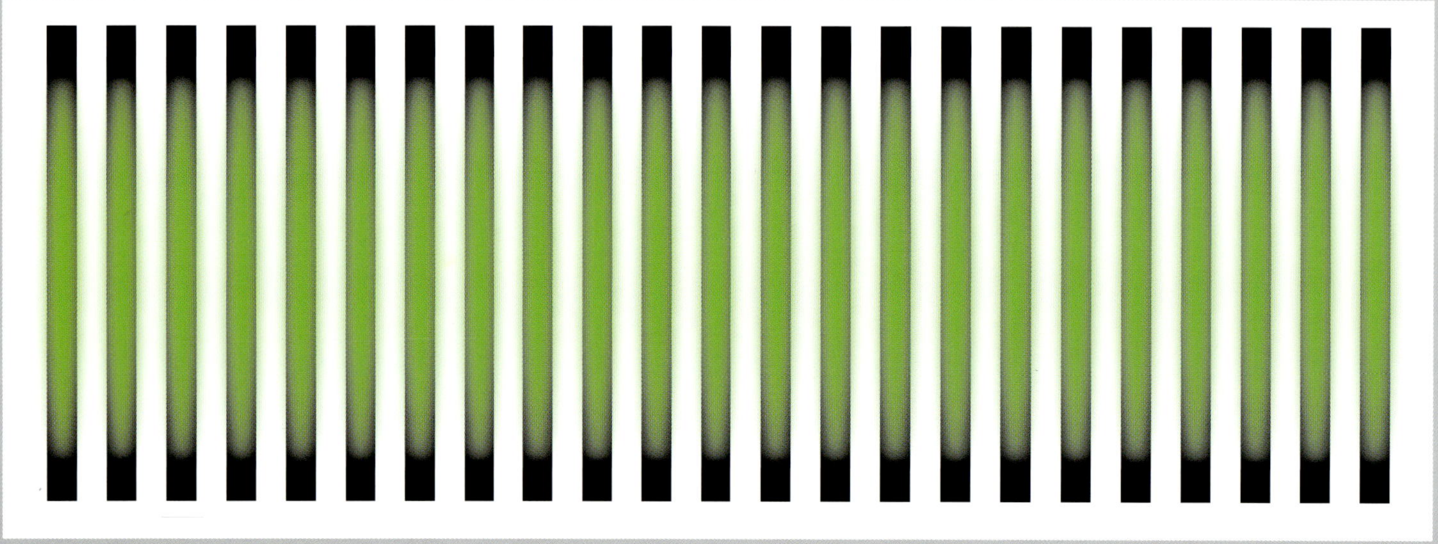

Wenn Du die grünen Streifen im oberen Bild fixierst, scheinen sie möglicherweise kürzer zu werden. Die gelben Streifen unten scheinen unterschiedliche Längen und auch Farben zu haben – doch sie sind alle gleich lang, wie ein Lineal schnell beweist.

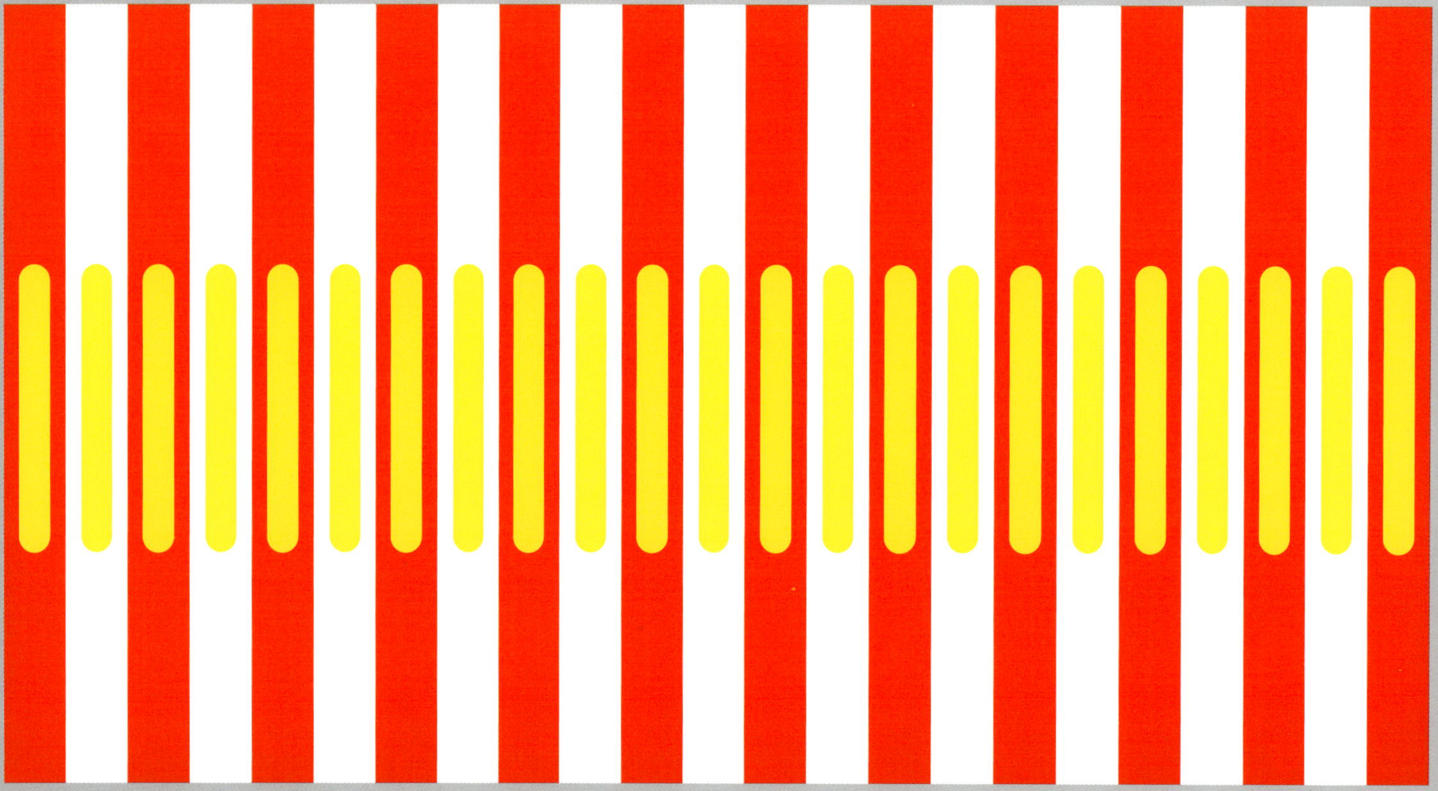

Ganz schön *gerädert*

Weißt Du, wie Du diese Zahnräder in Bewegung setzen kannst?

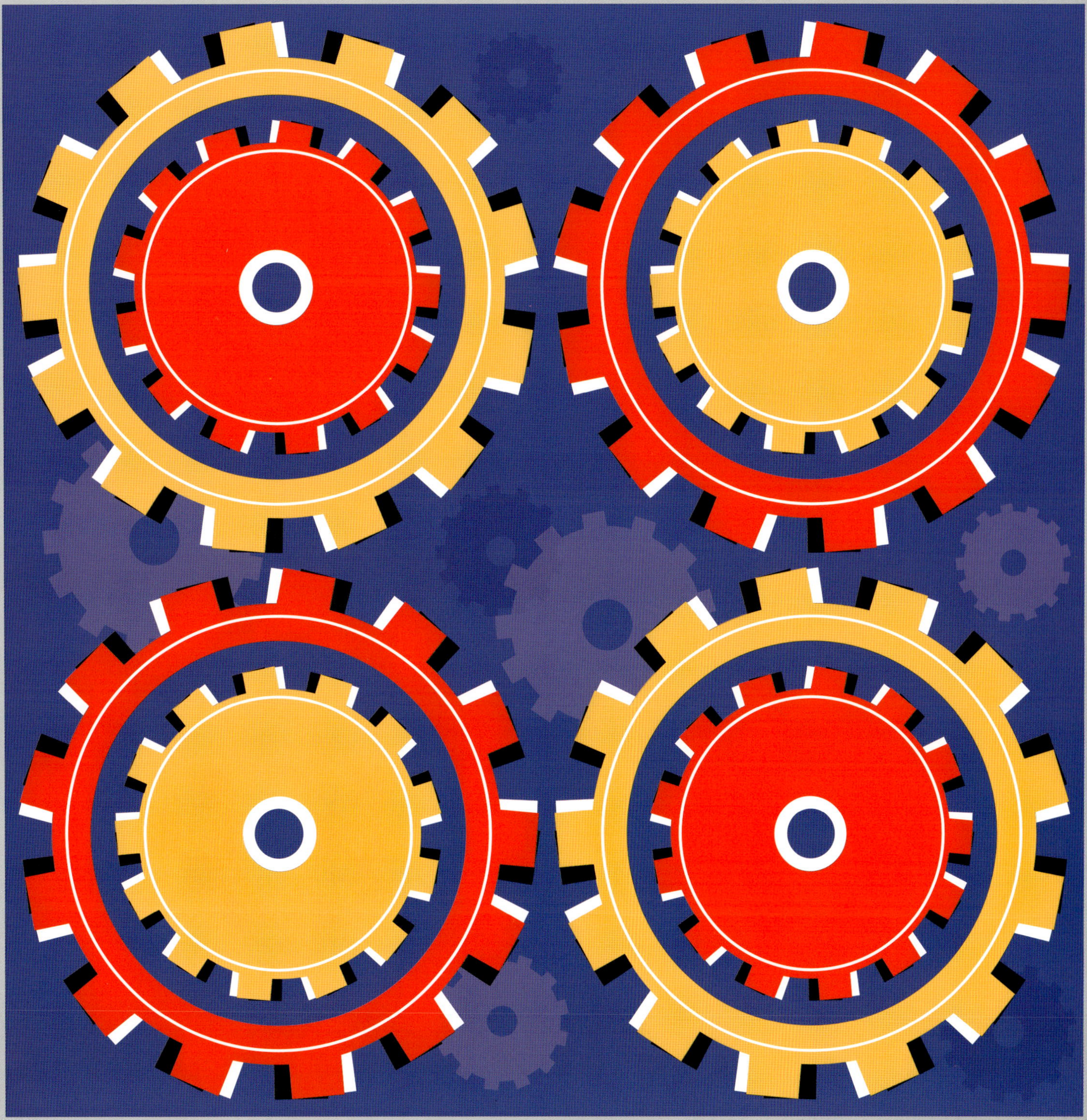

Klein***kariert***

Bring diese Karos zum Tanzen, indem Du die Augen diagonal darüber führst.

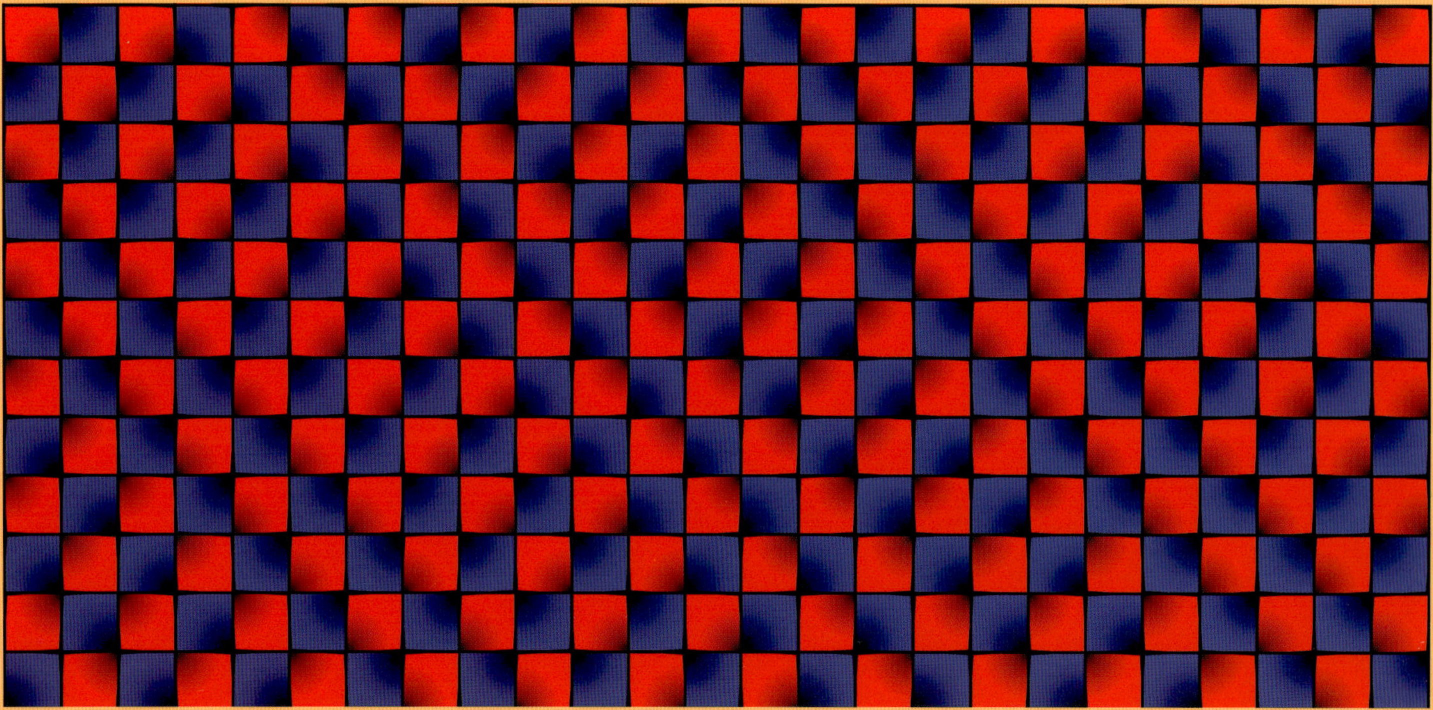

Raus und rein

Fixiere die Mitte und bewege das Buch zu Dir hin und wieder weg. Was passiert?

Das reinste Chaos

Halte etwas Abstand, während Du das Bild diagonal von rechts oben ansiehst.

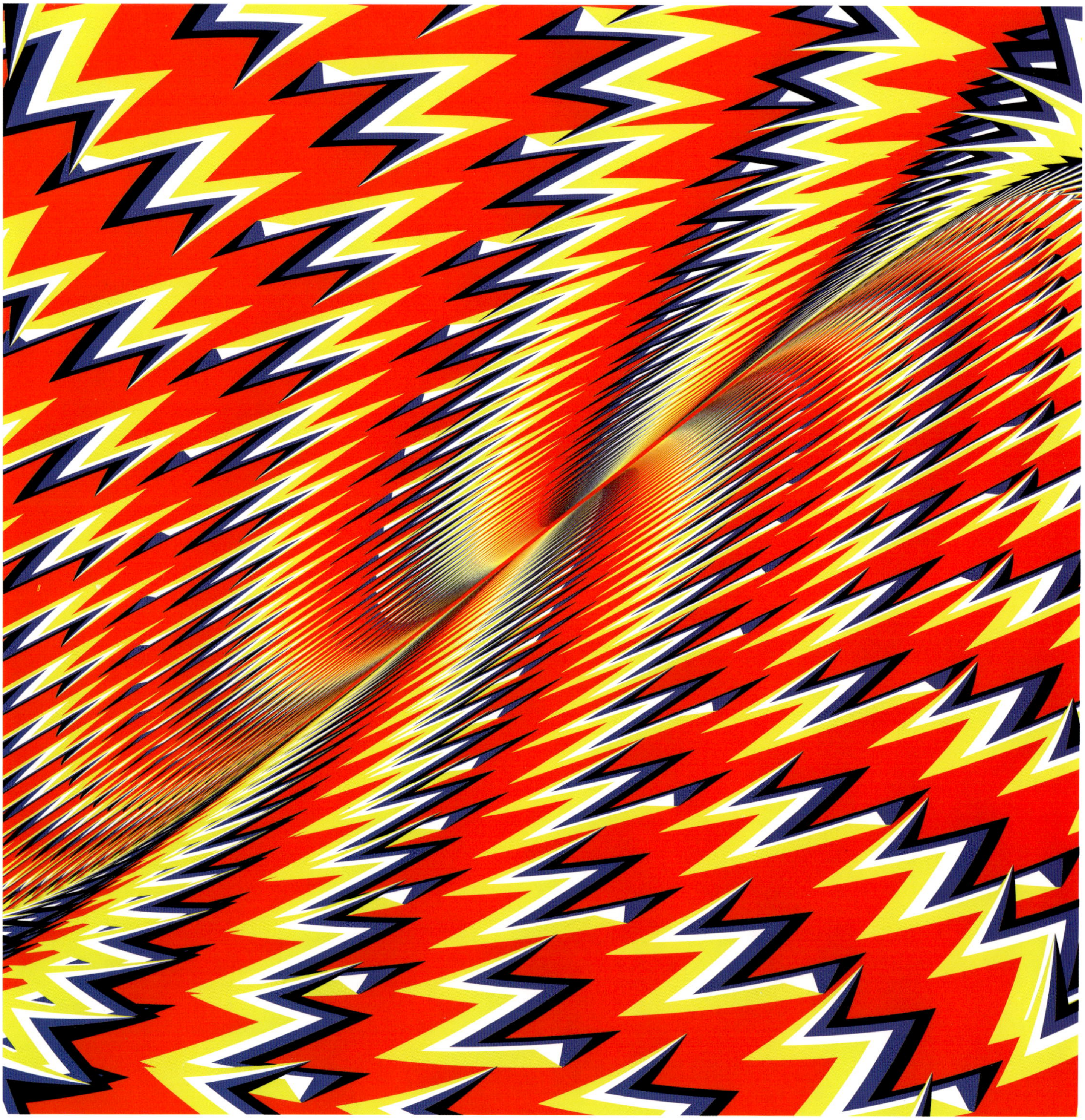

Transporterstrahlen

Verändere den Abstand zum Buch und mach Dich bereit zum Hochbeamen!

Ab ins All

Folge dem roten Netz von außen nach innen in die unendlichen Weiten des Alls.

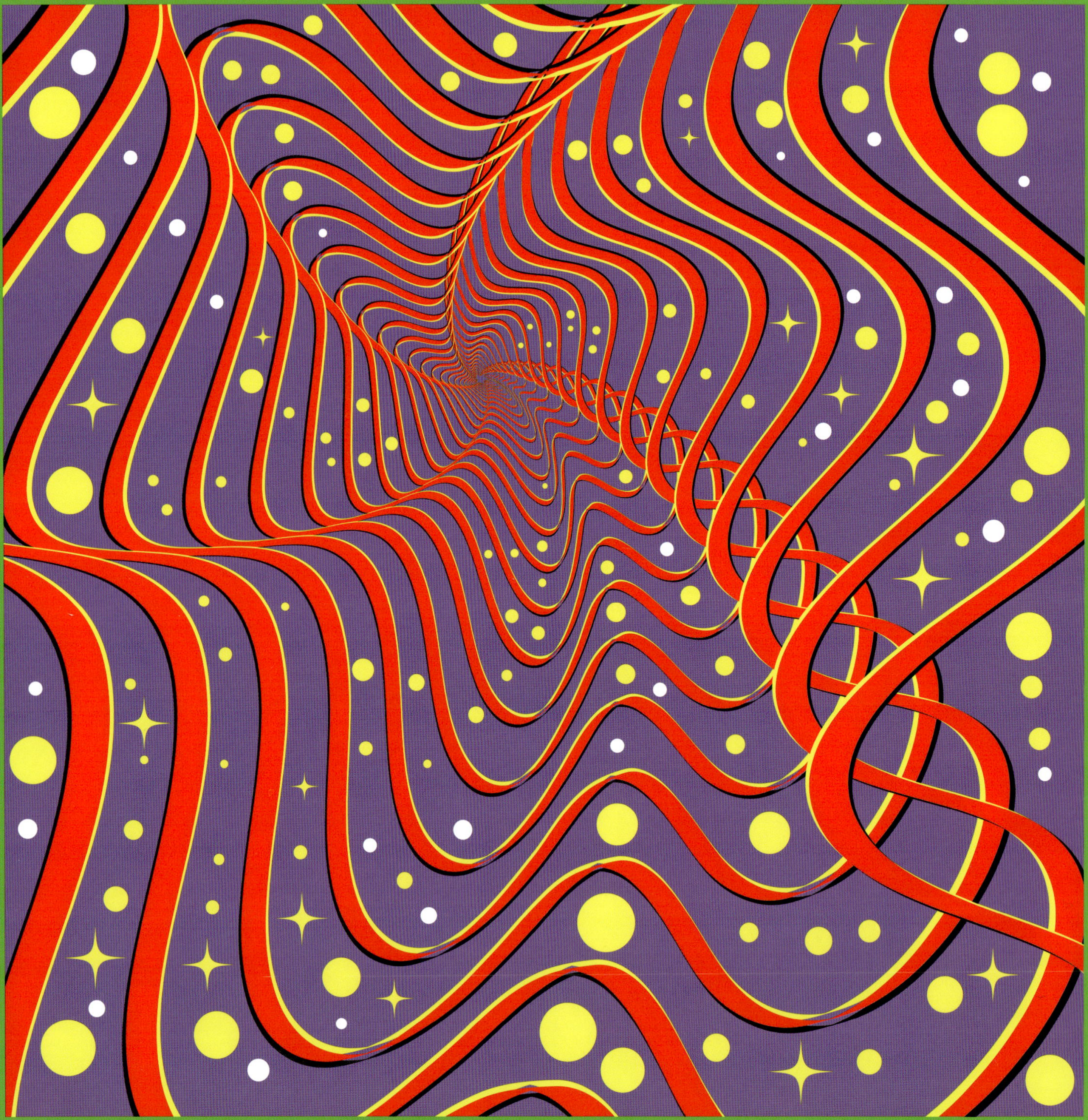

Pixel-**Party**

Lass Deine Augen einzelne Spalten auf und ab gleiten, bis sich das Muster bewegt.

Klub der flatternden *Herzen*

Bewege Deine Augen frei über das Bild und lass die Herzen flattern.

Glücksbringer

Die Kleeblätter schwanken im Wind, wenn Du die Reihen entlangblickst.

Kein **Blick**kontakt

Diese Augen bewegen sich – aber nur, wenn Du sie nicht direkt ansiehst!

Schau mir ins **Auge**

Fixiere das Auge: Es scheint in den Raum dahinter gesogen zu werden.

Bildnachweis

Hier erfährst Du, wer hinter den Bildern in diesem Buch steckt.

Seiten 1, 6, 7, 8, 9, 10, 11, 12, 13, 18, 19 (unten), 20, 22, 23 (unten), 26, 28, 29, 30, 33, 34, 38, 40, 41 (oben), 42, 43, 45, 47, 48, 51, 52, 53, 54, 55, 57, 58, 59 (links), 62, 63, 65, 66, 67 (oben), 67 (unten), 68, 72, 73, 74, 76, 78, 79, 80, 81, 83, 85, 88, 89, 90, 92, 93, 94, 95 Mark Grenier/Shutterstock.com
Seiten 2-3 Lyudmyla Kharlamova/Shutterstock.com
Seite 4 (central Sun illusion) viphotos/Shutterstock.com
Seiten 4-5 (Sun rays illusion), 60, 75 (unten), 84 (top), 84 (unten) Gareth Moore/Any Puzzle Media Ltd
Seite 14 iulias/Shutterstock.com
Seiten 15, 37, 41 (unten), 59 (rechts), 77 Skripnichenko Tatiana/Shutterstock.com
Seiten 16, 19 (oben), 27, 32, 36, 50, 56 (oben), 86 (oben) eurovector/Shutterstock.com
Seiten 17, 71, 87 Objowl/Shutterstock.com
Seite 21 (oben) HunThomas/Shutterstock.com
Seite 21 (unten) COSMOKIDZ/Shutterstock.com
Seiten 23 (oben), 44 Betacam-SP/Shutterstock.com
Seiten 24, 25, 31, 35, 46, 49, 56 (unten), 61, 69 Andrey Korshenkov/Shutterstock.com
Seite 39 Silvia Popa/Shutterstock.com
Seite 64 patternlover/Shutterstock.com
Seite 70 diskoVisnja/Shutterstock.com
Seite 75 (oben) Yuri9179126124/Shutterstock.com
Seiten 82, 86 (unten) SSylenko/Shutterstock.com
Seite 91 tashechka/Shutterstock.com
Seite 96 dipego/Shutterstock.com
Seiten 5-95 (page header movement icons) radoma/Shutterstock.com